新 印象

NEW IMPRESSION

章访 编著

Octane for Cinema 4D
渲染技术核心教程（修订版）

人民邮电出版社

北京

图书在版编目（ＣＩＰ）数据

新印象Octane for Cinema 4D渲染技术核心教程 / 章访编著. -- 2版（修订本）. -- 北京：人民邮电出版社，2021.12
ISBN 978-7-115-57751-1

Ⅰ. ①新… Ⅱ. ①章… Ⅲ. ①三维动画软件—教材
Ⅳ. ①TP391.414

中国版本图书馆CIP数据核字(2021)第219803号

内 容 提 要

　　本书是一本提高 Cinema 4D 三维渲染技术的教程图书，主要针对有一定 Cinema 4D 基础的读者编写，介绍了 Octane 渲染器在三维渲染技术中的重要功能和应用实例。

　　本书介绍了 Octane 渲染器的常用技法，包括 Octane 渲染设置、Octane 灯光照明系统、Octane 材质编辑系统、Octane 节点编辑系统、Octane 雾体积与标签，以及 Octane 视觉表现项目实例。为了帮助读者快速掌握，书中利用"控制变量法"测试的方式来讲解软件功能，使用实例来进行渲染技术的综合练习，希望能让读者一步一个脚印，稳扎稳打，牢固地掌握三维渲染技术。

　　本书可供三维设计、视觉传达设计、影视后期设计等行业的设计师阅读学习，也可以作为高等院校数字艺术类、影视动画类等相关专业的教材。

◆ 编　著　章　访
　　责任编辑　张丹阳
　　责任印制　马振武

◆ 人民邮电出版社出版发行　　北京市丰台区成寿寺路 11 号
　　邮编　100164　　电子邮件　315@ptpress.com.cn
　　网址　https://www.ptpress.com.cn
　　北京博海升彩色印刷有限公司印刷

◆ 开本：787×1092　1/16
　　印张：13.25　　　　　　　　2021 年 12 月第 2 版
　　字数：390 千字　　　　　　2021 年 12 月北京第 1 次印刷

定价：119.80 元

读者服务热线：(010)81055410　印装质量热线：(010)81055316
反盗版热线：(010)81055315
广告经营许可证：京东市监广登字 20170147 号

7.1 汽车渲染：汽车与街道

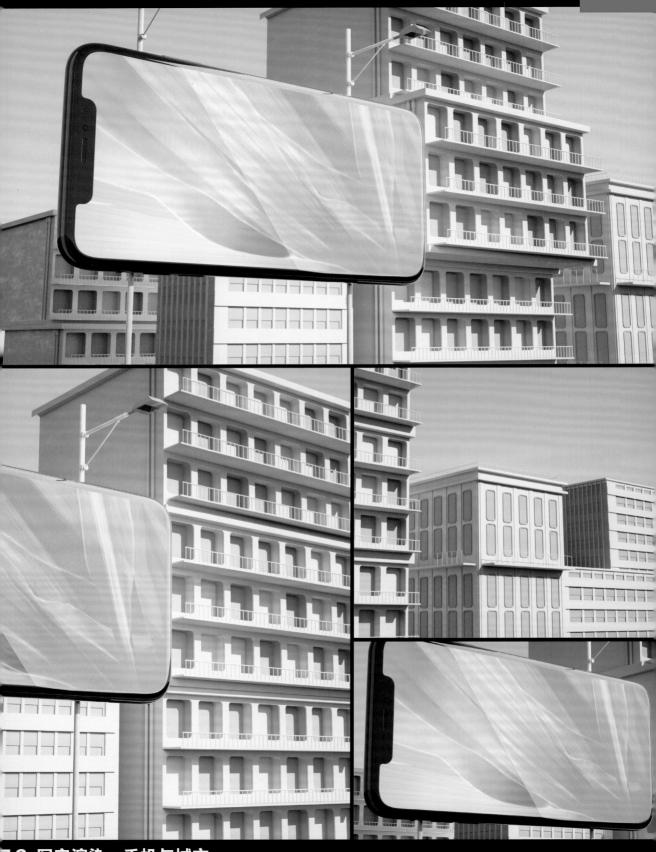

7.2 写实渲染：手机与城市

7.3 海报主图渲染：霓虹城市

7.4 海报主图渲染：科幻巨型建筑

7.5 影视场景渲染：史前森林

- 教学视频 影视场景渲染：史前森林.mp4
- 学习目标 掌握自然场景的制作方法

功能测试

浑浊=2.2　　浑浊=8

3.1.1 浑浊　　　　　　　　　　　　第48页

向北偏移=0.3　　向北偏移=0

3.1.3 向北偏移　　　　　　　　　　第49页

功率=0.1　　功率=1　　功率=

3.1.2 功率　　　　　　　　　　　　第48页

太阳半径=10　　太阳半径=1

3.1.4 太阳大小　　　　　　　　　　第49页

不勾选　　勾

3.1.6 混合天空纹理　　　　　　　　第50页

功率=1　　功率=3

3.2.1 功率　　　　　　　　　　　　第57页

不勾选　　勾

3.3.12 投射阴影　　　　　　　　　第68页

类型=黑体　　类型=纹理

3.3.3 类型　　　　　　　　　　　　第65页

功率=10　　功率=5

3.3.4 功率　　　　　　　　　　　　第65页

色温=2000（暖）　　色温=9000（冷）

3.3.5 色温　　　　　　　　　　　　第65页

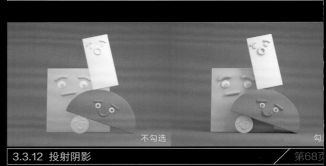

加载贴图　　未加载贴图

3.3.7 分配　　　　　　　　　　　　第66页

功能测试

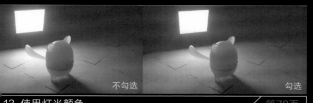

不勾选　勾选

13　使用灯光颜色　／第70页

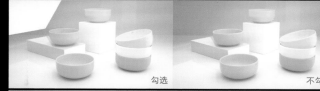

勾选　不勾选

3.3.14　摄像机可见性　／第71页

默认白色　紫色

2　黑体发光的颜色　／第76页

功率=30 不勾选表面亮度　功率=30 勾选表面亮度

3.4.3　纹理发光　／第77页

技术专题

Octane纹理环境

Octane HDRI环境

ane纹理环境与Octane HDRI环境的区别　／第55页

〕使用"可见环境"丰富场景的灯光效果　／第57页

理解透明发光的原理　／第68页

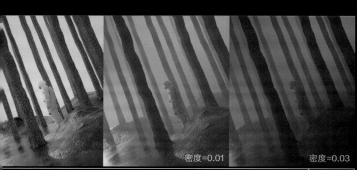

密度=0.01　密度=0.03

〕为场景添加雾效果　／第60页

如何在Octane中使用IES灯光　／第72页

精彩案例

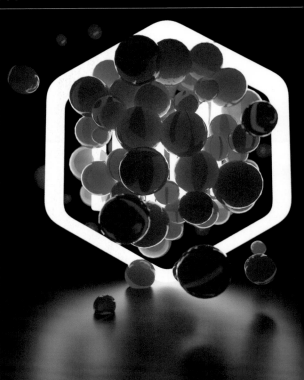

实例：模拟日光照射效果

- 教学视频　实例：模拟日光照射效果.mp4
- 学习目标　掌握Octane日光的设置方法

第50页

实例：使用区域光制作细节照明

- 教学视频　实例：使用区域光制作细节照明.mp4
- 学习目标　掌握区域光的照明方法

第73页

实例：使用HDRI环境丰富效果

- 教学视频　实例：使用HDRI环境丰富效果
- 学习目标　掌握Octane HDRI环境的设置方法

第58

实例：制作石雕展示灯光效果

例：制作自发光创意效果

例：制作迷雾森林灯光效果

实例：制作废旧环境灯光效果

混合=0 混合=0.5 混合=1 粗糙度浮点=0 粗糙度浮点=0.1 纹理/浮点

4.1.3 漫射通道 　　　第85页 　　4.1.4 粗糙度通道 　　　第87

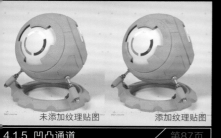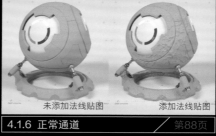

未添加纹理贴图 添加纹理贴图 未添加法线贴图 添加法线贴图 黑色

4.1.5 凹凸通道 　　　第87页 　　4.1.6 正常通道 　　　第88页 　　4.1.9 传输通道 　　　第90

数量=200 细节等级=2048×2048 渲染时间=52s 过滤类型=盒子 半径

4.1.7 置换通道 　　　第88

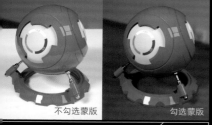

不勾选蒙版 勾选蒙版 颜色=黑色 颜色=黄色 浮点=0 浮点

4.1.10 公用通道 　　　第90页 　　4.2.1 镜面通道 　　　第92

纹理预览尺寸

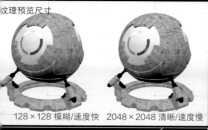

128×128 模糊/速度快 2048×2048 清晰/速度慢 浮点=0 浮点=0.5 薄膜指数=1.45 薄膜指

4.1.11 编辑通道 　　　第92页 　　4.2.2 薄膜宽度/薄膜指数通道 　　　第93

功能测试

颜色=黑色　　　颜色=紫色　　　浮点=0　　　浮点=1

.1 反射通道　　　　　　　　　　　　　　　　第95页

色散=0　　　色散=0.1

4.3.2 色散通道　　　　　　第95页

索引=1　　　索引=1.333

.3 索引通道　　　　第96页

颜色=白色　　　颜色=绿色　　　未添加纹理贴图　　　添加纹理贴图

4.3.4 传输通道　　　　　　　　　　　　　　第96页

介质

H=110 S=100 V=100　　　H=40 S=100 V=100　　　H=240 S=100 V=100

介质

功率=0　　　功率=2

散射介质

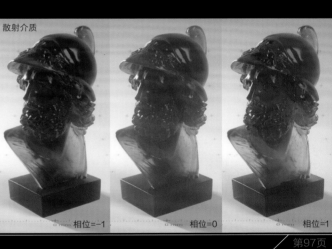

相位=-1　　　相位=0　　　相位=1

3.5 中通道　　　　　　　　　　　　　　　　第97页

技术专题

浮点=0　　　浮点=1　　　未添加RGB颜色　　　添加RGB颜色

射的控制方法　　　　　　　　　　　　　　　第100页

技术专题

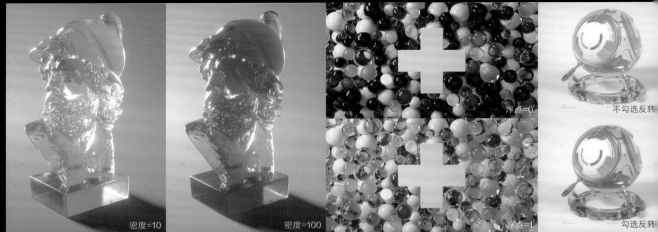

如何理解吸收介质的参数　　　　　　　　　　　　　　　　第99

精彩案例

实例：制作创意效果

■ 教学视频　实例：制作创意效果.mp4
■ 学习目标　掌握黑体发光材质的设置方法　　第104页

实例：制作人物夜晚场景材质

■ 教学视频　实例：制作人物夜晚场景材质.mp4
■ 学习目标　掌握自发光场景材质的制作方法　　第114页

实例：制作有色玻璃球材质

■ 教学视频　实例：制作有色玻璃球材质.mp4
■ 学习目标　掌握透明材质的制作方法　　第107页

实例：制作实景材质

■ 教学视频　实例：制作实景材质.mp4
■ 学习目标　掌握混合材质的设置方法

实例：制作野外植物材质

■ 教学视频　实例：制作野外植物材质.mp4
■ 学习目标　掌握SSS材质与地面的制作方法

实例：制作小清新风格材质

教学视频　实例：制作小清新风格材质.mp4

实例：制作手表材质

■ 教学视频　实例：制作手表材质.mp4

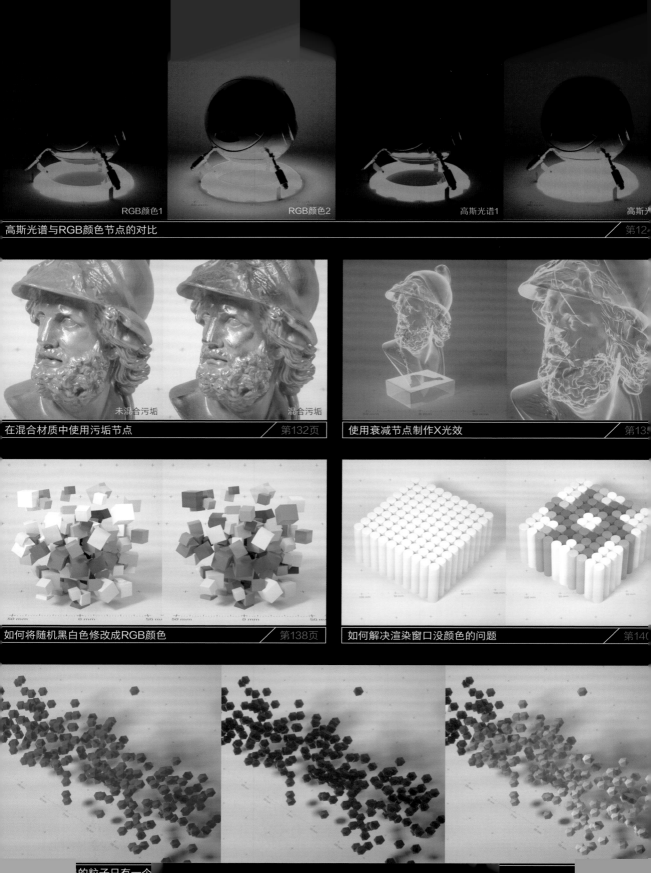

RGB颜色1　　RGB颜色2　　高斯光谱1　　高斯光

高斯光谱与RGB颜色节点的对比　　　　　　　　　第12

在混合材质中使用污垢节点　　　　第132页

使用衰减节点制作X光效　　　　第13

未混合污垢　　混合污垢

如何将随机黑白色修改成RGB颜色　　第138页

如何解决渲染窗口没颜色的问题　　第140

的粒子只有一个

精彩案例

实例：制作创意材质

■ 教学视频　实例：制作创意材质.mp4
■ 学习目标　掌握材质细节的编辑方法

第156页

实例：制作科幻场景

■ 教学视频　实例：制作科幻场景.mp4
■ 学习目标　掌握置换的编辑方法

第160页

实例：制作旧手机特写画面

■ 教学视频　实例：制作旧手机特写画面.mp4
■ 学习目标　掌握脏旧材质的制作方法

第167页

实例：制作光束效果

■ 教学视频　实例：制作光束效果.mp4
■ 学习目标　掌握写实风格材质的制作方法

第168页

技术专题

如何控制云雾的浓度　　　　　　　　　　　　　　　　　　　　　　第174

如何创建云雾的色彩　　　　　　　第173页

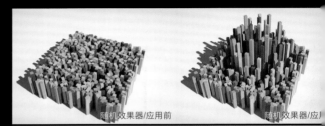

使用Cinema 4D中的效果器影响分配效果　　　第183

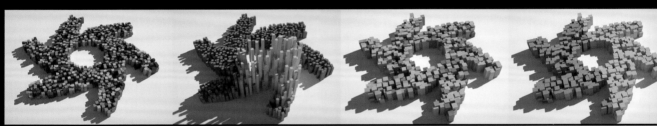

如何修改分布对象的颜色　　　　　　　　　　　　　　　　　　　　第184

精彩案例

实例：Octane毛发渲染

■ 教学视频　实例：Octane毛发渲染.mp4
■ 学习目标　掌握毛发的渲染技术　　　　　第186页

实例：Octane样条渲染

■ 教学视频　实例：Octane样条渲染.mp4
■ 学习目标　掌握样条效果的渲染技术　　　第188

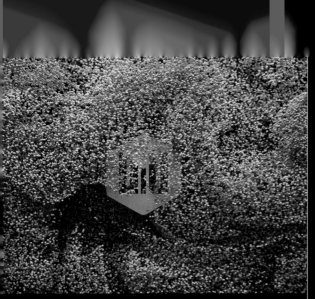

例：X-Particles粒子渲染

教学视频 实例：X-Particles粒子渲染.mp4

学习目标 掌握粒子的渲染技术

第190页

实例：X-Particles拖尾渲染

■ 教学视频 实例：X-Particles拖尾渲染.mp4
■ 学习目标 掌握拖尾效果的渲染技术

第191页

例：制作TFD色彩烟雾效果

教学视频 实例：制作TFD色彩烟雾效果.mp4

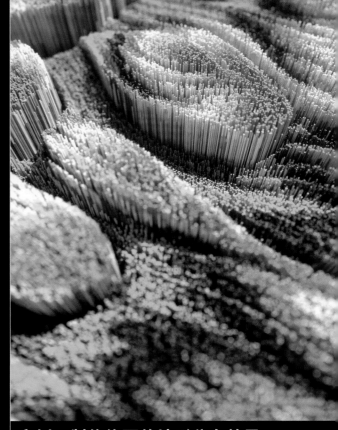

实例：制作绚丽的地形分布效果

教学视频 实例：制作绚丽的地形分布效果.mp4

功能测试

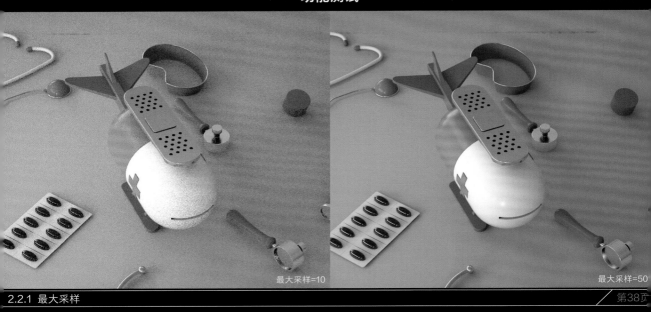

最大采样=10　　　　　　最大采样=50

2.2.1　最大采样　　　　　　　　　　　　　　　　第38页

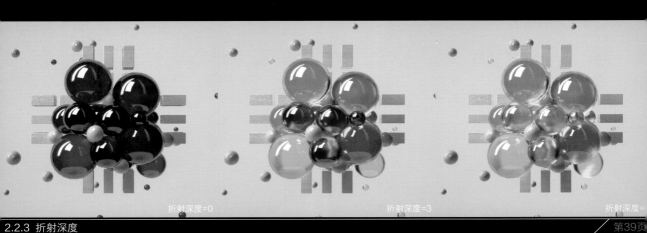

折射深度=0　　　　　折射深度=3　　　　　折射深度=6

2.2.3　折射深度　　　　　　　　　　　　　　　　第39页

GI修剪=1　　　　　　GI修剪=100000

前言

Octane是什么？它可以干什么？相对于其他渲染器，为什么Cinema 4D使用Octane？这是很多人的疑问。

本书介绍的Octane是一款插件式的渲染器，即嵌入Cinema 4D中，并借用Cinema 4D的软件界面来调用Octane的相关功能。Octane作为一款渲染器，它可以完成材质编辑、灯光制作、效果制作，以及渲染输出等工作。Octane是一款基于GPU渲染技术的无偏差渲染器，通俗来讲，它可以直接利用GPU来渲染效果，既降低了渲染成本，又提高了渲染效率。另外，Octane真实的光线照明系统、次表面散射（SSS）、置换功能和自发光材质等都非常出色，加上简单明了的材质节点编辑方式，使这款渲染器广受青睐。

另外，希望读者能明白，任何渲染器都有各自的特点，没有最好的渲染器，只有更适合自己或工作任务的渲染器。不是渲染器好就行，而是要将渲染器掌握好，才能制作出令人满意的作品。

创作目的

创作本书的主要目的是让读者能在掌握了Cinema 4D的基础之后更进一步，掌握Octane的材质、灯光、雾体积、标签和渲染等技术，了解实例的制作思路，以不断提升三维设计能力。

本书内容

本书共分为7章。为了方便读者更好地学习，本书所有操作性内容均配有教学视频。

第1章：认识Octane渲染器。通过对比介绍Octane渲染器的特点，以及Octane渲染器的显卡支持。

第2章：快速掌握Octane渲染设置。介绍Octane的渲染界面、渲染模式和渲染设置等。虽然这部分内容都偏于理论，却是学好Octane渲染技术的必备基础。

第3章：Octane灯光照明系统。介绍Octane日光系统、Octane环境光系统、Octane区域光系统和自发光对象等灯光工具。这部分内容包含了整个三维设计中的打光技术，足以帮助读者完成大部分场景的灯光布置。

第4章：Octane材质系统。介绍Octane漫射材质、Octane光泽材质、Octane镜面材质和Octane混合材质，以及它们各自的通道参数。这部分内容都是材质的基础知识，看似简单，但却是材质编辑的基石。

第5章：Octane节点编辑系统。介绍节点编辑器的界面、材质节点、纹理节点、UV投射节点、生成节点和贴图节点等内容，以及使用节点编辑器制作材质的思路和方法。这部分内容可以帮助读者在材质编辑过程中遵循清晰的思路和流程，避免大量参数扰乱材质制作工作。

第6章：Octane雾体积与标签。介绍Octane雾体积、Octane分布、Octane对象标签、Octane摄像机标签和Octane渲染通道等内容。这部分内容以Octane的标签居多，请读者务必掌握其特定的功能和操作方法。

第7章：Octane视觉表现项目实例。对前面学习的知识进行综合实践。这些案例都是Octane涉及的领域，主要包含产品渲染、海报主图渲染和影视场景渲染。虽然书中对这些场景进行了分类，但如果读者要将它们应用到其他领域，只需根据相关领域的需求进行修改即可。

虽然本书内容更适合有一定Cinema 4D基础的读者，但是为了方便零基础读者学习，本书会附赠一套Cinema 4D基础教学视频，以帮助零基础读者简单入门。

作者感言

非常感谢人民邮电出版社对我的认可，让我能以图书的形式将Octane渲染器的知识分享给广大读者。在编写之前，为了让本书内容更加精确，我与业内优秀的技术人员进行了交流与探讨，同时查阅了Octane官方提供的资料，进行了一系列归纳和整理。书中采用的案例来源于我临摹的国外优秀作品与UTV4D "小白成长记" 的学员作品，希望能帮助读者快速掌握Octane基础工具，更快地提升渲染技术。本书内容仅代表个人对Octane的见解，如果读者在学习过程中有不同的意见，欢迎指出并讨论。

导读

1.版式说明

测试对比图示： 使用"控制变量法"对重要参数进行讲解，并通过测试结果直观地展示功能的作用。

详细步骤： 图文结合的步骤介绍，让读者清晰地掌握制作过程和具体细节。

实例索引： 帮助读者在学习资源中找到对应的文件，并根据需求来使用这些文件。

技巧提示： 在讲解过程中配有大量的技术性提示，帮助读者快速提升操作水平，掌握便捷的操作技巧。

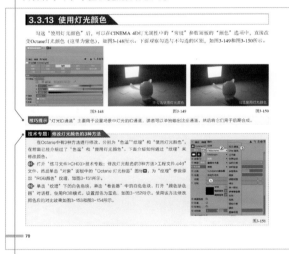

技术专题： 由笔者归纳的工作中的技术要点。这些都是针对特定问题的解决办法，帮助读者掌握相关技术原理。

步骤关键词： 操作步骤的总结性文字，帮助读者明白操作目的和整个案例的操作思路。

2.阅读说明与学习建议

在阅读过程中看到的"单击""双击"，意为单击或双击鼠标左键。

在阅读过程中看到的"按快捷键Ctrl+C"等内容，意为同时按下键盘上的Ctrl键和C键。

在阅读过程中看到的"拖曳"，意为按住鼠标左键并拖动鼠标。

在阅读过程中看到的引号内容，意为软件中的命令、选项、参数或学习资源中的文件。

在阅读过程中看到界面被拆分并拼接的情况，是排版原因造成的，不会影响学习和操作。

在学完某项内容后，建议读者用生活中的对象或网上看到的相关作品来练习巩固。

注意，本书基于Octane Render V3.07和Cinema 4D R19编写，请读者使用相同或更高版本的软件学习。

资源与支持

本书由"数艺设"出品，"数艺设"社区平台（www.shuyishe.com）为您提供后续服务。

配套资源

场景文件： 书中所有实例的初始模型文件。
实例文件： 书中所有实例的最终完成文件。
练习文件： 书中功能讲解部分的模型文件。
视频教程： 书中所有实例和功能讲解的教学视频。
Cinema 4D基础教学视频： 为零基础读者额外赠送的一套基础教学视频。

资源获取请扫码

"数艺设"社区平台，为艺术设计从业者提供专业的教育产品。

与我们联系

我们的联系邮箱是szys@ptpress.com.cn。如果您对本书有任何疑问或建议，请您发邮件给我们，并请在邮件标题中注明本书书名及ISBN，以便我们更高效地做出反馈。

如果您有兴趣出版图书、录制教学课程，或者参与技术审校等工作，可以发邮件给我们。如果学校、培训机构或企业想批量购买本书或"数艺设"出版的其他图书，也可以发邮件联系我们。

如果您在网上发现针对"数艺设"出品图书的各种形式的盗版行为，包括对图书全部或部分内容的非授权传播，请您将怀疑有侵权行为的链接通过邮件发送给我们。您的这一举动是对作者权益的保护，也是我们持续为您提供有价值的内容的动力之源。

关于"数艺设"

人民邮电出版社有限公司旗下品牌"数艺设"，专注于专业艺术设计类图书出版，为艺术设计从业者提供专业的图书、视频电子书、课程等教育产品。出版领域涉及平面、三维、影视、摄影与后期等数字艺术门类，字体设计、品牌设计、色彩设计等设计理论与应用门类，UI设计、电商设计、新媒体设计、游戏设计、交互设计、原型设计等互联网设计门类，环艺设计手绘、插画设计手绘、工业设计手绘等设计手绘门类。更多服务请访问"数艺设"社区平台www.shuyishe.com。我们将提供及时、准确、专业的学习服务。

目录

第1章 认识Octane渲染器

第2章 快速掌握Octane渲染设置

第3章 Octane灯光照明系统

目录

第4章 Octane材质系统

第5章 Octane节点编辑系统

第6章 Octane雾体积与标签

目录

第 **1** 章 认识Octane渲染器

■ 学习目的

　　GPU渲染具有更快速度、更低成本的优势。Octane是一款可服务于Cinema 4D的GPU渲染器，不仅快速，而且完全交互，例如编辑灯光、制作材质、设置摄像机和景深等，都可以实时获得渲染结果。本章将简单介绍一下Octane渲染，让读者对渲染器有一个大概的认知。

■ 主要内容

- Octane
- Redshift

- Octane的主要特点
- Octane显卡推荐

1.1 为何选择Octane

目前支持Cinema 4D的GPU渲染器非常多，比较受欢迎的有两款：Octane Render（缩写为OC，本书称为Octane）和Redshift（缩写为RS）。那么，读者应该如何在这两款渲染器当中取舍呢？

1.1.1 Octane

Octane是一款基于GPU渲染技术的无偏差渲染器，这意味着只使用计算机上的显卡就可以快速获得照片级的渲染效果。Octane真实的光线照明系统可以让场景的明暗对比非常柔和；次表面散射和置换功能也非常出色，加上简单明了的材质节点编辑方式，可以让设计师用较少的时间制作出令人惊叹的作品。图1-1~图1-4所示为使用Octane渲染的优秀作品。

图1-1

图1-2

图1-3

图1-4

> **技巧提示** 本书使用的Octane版本为V3.07，不支持Cinema 4D R20和RTX 20系列的显卡。读者如果使用Cinema 4D R20学习本书，
> 建议安装V4.0版本的Octane。

1.1.2 Redshift

Redshift是基于GPU加速的有偏差渲染器，也是现在市场接受度比较高的一款GPU渲染器，渲染速度远超无偏差渲染器。从渲染效果来看，这款渲染器已经达到了GPU渲染的高水准，且有强大的材质节点编辑功能，可以渲染输出电影级品质的图像。图1-5~图1-8所示为使用Redshift渲染的优秀作品。

图1-5

图1-6

图1-7

图1-8

技巧提示 相对于Octane来说，Redshift的操作较为复杂，且上手困难。建议读者先学习Octane，以便于快速熟悉节点编辑方式，提升渲染兴趣，在以后想学习RedShift时也不会感觉到过于复杂。

1.2 Octane的主要特点

在图形渲染领域，无论是影视动画、栏目包装，还是建筑表现、产品广告，GPU渲染都凭借其专为图形加速而设计的架构和计算能力，为用户带来了一种更加高效的渲染解决方案。Octane作为一款可以服务于Cinema 4D的GPU渲染器，有什么特点呢？

第一，Octane可以算是特别快的GPU加速、无偏差、物理正确的渲染器。这款渲染器使用计算机的显卡来渲染逼真的图像，其并行计算能力可以在很短时间内创建令人惊叹的作品。另外，使用Octane来创建高质量的图像，其渲染速度比基于CPU的无偏差渲染器要快几十倍。

第二，Octane可以实现与Cinema 4D完全交互、实时的预览，如图1-9所示。这个功能可以让设计师边设计边查看效果，从而实时控制工作细节。

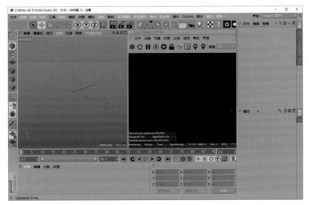
图1-9

第三，Octane主要面向小型工作室或个人，拥有参数设置少、效果真实、质感强烈的特点。当然，其不足之处在于噪点多和大场景受限。

第四，直接照明引擎速度堪比Redshift，且质感更好，适合渲染动画。虽然在路径追踪引擎上，相对于VRay无太大优势，但其GPU渲染的模式，在速度上是非常有优势的。

总之，Octane是一款易于上手的渲染器，其简捷的操作界面和华丽的渲染效果，在与Cinema 4D搭配使用时的体验是非常棒的。

1.3 Octane显卡推荐

V3.0版本不支持RTX 20系列产品，所以请读者在购买显卡时选择GTX系列产品。目前，比较具有性价比的显卡有两款——GTX 1070Ti和GTX 1080Ti，如图1-10和图1-11所示。编写本书时所使用的显卡为GTX 1070Ti。

图1-10   图1-11

V4.0版本支持RTX 20系列产品。GTX 1080Ti虽然略优于RTX 2070，但RTX 2070在价格上低于GTX 1080Ti，所以建议选择RTX 2070，如图1-12所示。另外，如果读者有足够的预算，可以考虑选择RTX 2080Ti，如图1-13所示。

图1-12   图1-13

技巧提示 购买RTX 2070双卡的性价比高于RTX 2080Ti单卡，建议有条件的读者考虑双RTX 2070配置。此外，虽然编写本书内容时使用的是V3.0版本，但是Octane的核心技术是不会变的，请读者不用担心。

第 2 章

快速掌握
Octane渲染设置

■ 学习目的

　　本章主要介绍 Octane 渲染界面、渲染参数和渲染预设。本章内容偏于理论，但请读者务必掌握这些原理和知识，因为它们是整个 Octane 渲染技术的基石。对于本章内容，请读者反复测试和研究，以熟练掌握。

■ 主要内容

- 路径追踪
- GI模式
- 反射深度
- AO距离
- GI修剪
- 最大采样
- 漫射深度
- 折射深度
- 自适应采样
- 渲染设置

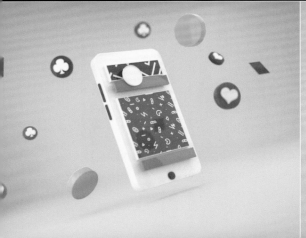

2.1 Octane渲染界面

打开"练习文件>CH02>Octane 渲染界面>工程文件.c4d"文件，然后执行"Octane>Octane 实时查看窗口"菜单命令，如图2-1所示。

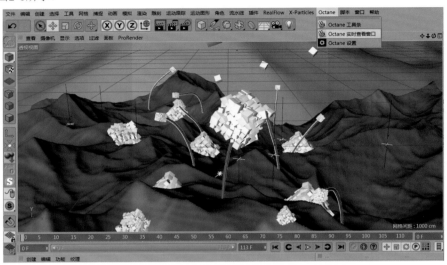

图2-1

单击渲染界面的 ![icon] 图标，Octane会对当前场景进行渲染， ![icon] 图标也会由黑色变成绿色，表示渲染正式开启，读者将会在渲染界面中看到效果的实时更新情况。Octane渲染界面又称为OctaneLV（Live Viewer，实时查看窗口），类似于VRay渲染器的FVB，主要由以下3部分组成，如图2-2所示。

图2-2

菜单栏： 菜单栏是Octane渲染界面的重要组成部分，包含了大部分功能命令。

工具栏： 包含控制实时渲染的相关工具，例如开启或暂时渲染、区域渲染等。

实时信息： 用于查看当前渲染工作的状态和进度。

2.1.1 云端

执行"云端>发送场景"菜单命令，如图2-3所示，可以导出ORBX、ABC格式的文件。将这些文件导入其他三维软件即可进行二次创作。另外，ORBX格式的文件可以将场景动画、模型和纹理等内容一并导出。

图2-3

2.1.2 对象

"对象"菜单中包括摄像机、HDRI环境、日光、区域光和IES灯光等对象的创建命令，如图2-4所示。

图2-4

2.1.3 材质

"材质"菜单中包含了创建和编辑材质的相关命令，主要分为4个功能部分，如图2-5所示。

图2-5

1.打开LiveDB

执行"材质>打开LiveDB"菜单命令，可以打开"File（文件夹）"对话框，如图2-6所示。这是Octane的材质数据库，读者需要提前下载并安装好材质预设文件后才会生效。

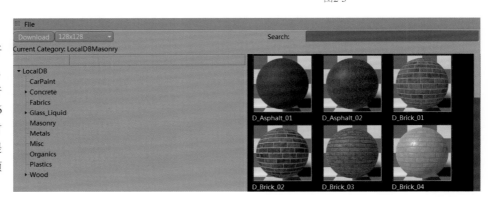

图2-6

2.Octane节点编辑器

该编辑器主要用于管理复杂材质的编辑任务，它利用节点思维逻辑，让材质的创建工作能更高效地完成，如图2-7所示。

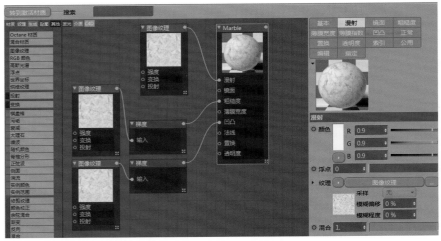

图2-7

3.Octane材质类型

这部分命令主要用于创建不同的材质类型。图2-8所示为常用的4种材质类型的材质球效果，从左至右依次为漫射材质、光泽材质、透明材质和混合材质。

图2-8

4.材质转换与删除

这部分命令主要用于管理材质。"转换材质"命令用于将Cinema 4D的默认材质球转换为Octane材质。"删除未使用材质"和"删除重复材质"命令主要用于删除未使用或重复的材质，让材质栏更简洁明了。

2.1.4 比较

在实时渲染中，需要进行灯光或材质的细微调整，此时可以通过"启用A/B对比"命令直观地查看到调整前后的渲染效果。

01 打开"练习文件>CH02>比较>工程文件.c4d"文件，然后单击"渲染激活"图标，对场景进行实时渲染。完成渲染后执行"比较>存储渲染缓存"菜单命令，保存当前场景，如图2-9所示。

02 将红色材质球调整为蓝色，在OctaneLV中会进行实时更新，并会出现A/B标线，效果为左蓝右红，如图2-10所示。

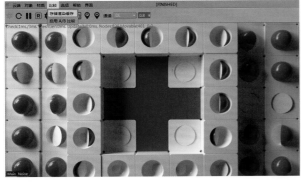

图2-9

图2-10

技巧提示 注意，A/B标线是可以通过鼠标进行移动的。

2.1.5 工具栏

"工具栏"中包含了实时查看窗口的渲染激活、Octane渲染设置、材质切换和景深距离等工具，如图2-11所示。

图2-11

2.1.6 Octane设置

在Cinema 4D中执行"Octane>Octane 设置"菜单命令，可以打开"Octane 设置"对话框，如图2-12所示。该对话框主要用于设置渲染参数。

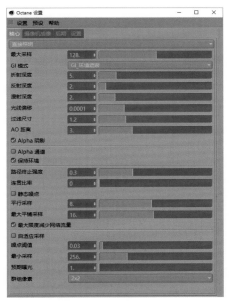

图2-12

技巧提示 "Octane 设置"对话框的"核心"选项卡用于设置渲染参数，包括4种不同的模式，分别为"信息通道""直接照明""路径追踪"和"PMC"，它们各有优点和缺点，如图2-13所示。

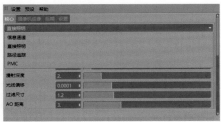

图2-13

"核心"选项卡中的参数非常重要，只有合理地使用它们才能渲染出精细的效果。因此，本章将在接下来的内容中分节介绍渲染参数的作用。

2.2 直接照明模式

　　"直接照明"模式通常用于快速预览渲染效果。这种模式不是无偏差的，也不会产生具有真实感的渲染效果，但可以提高场景的渲染速度。参数面板如图2-14所示。

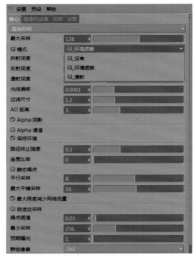

图2-14

2.2.1 最大采样

　　如果"最大采样"的值较小，渲染效果中就会产生非常多的噪点，如图2-15所示。"最大采样"的值越大，渲染效果就会越清晰和细腻，如图2-16所示。注意，渲染速度也会受"最大采样"值的影响，读者可以在测试的时候进行对比。

图2-15　　　　　　　　　　图2-16

2.2.2 GI模式

　　在"GI模式"后的下拉菜单中，包含3种GI模式，主要用于控制光线照射模型表面所产生的光线反弹效果。3种GI模式的测试效果如图2-17~图2-19所示。

图2-17　　　　　　图2-18　　　　　　图2-19

2.2.3 折射深度

"折射深度"主要用于控制光线对模型的撞击次数。这里以玻璃对象为例,当值为0时,表示对象没有任何折射效果,玻璃会呈现黑色,如图2-20所示;当值大于0时,Octane会根据值的大小决定玻璃的通透性,如图2-21和图2-22所示。

> **技巧提示** "折射深度"的值越大,透明对象的通透性越好。

 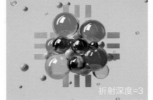 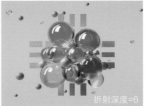

图2-20   图2-21   图2-22

2.2.4 反射深度

"反射深度"用于控制光线或HDRI环境对物体表面产生的反射强度。这里以金属为例,当值为0时,表示对象没有任何反射效果,表面会呈现黑色,如图2-23所示;当值大于0时,Octane会根据值的大小决定金属表面的反射强度,如图2-24所示。

图2-23   图2-24

2.2.5 漫射深度

在"直接照明"的"GI模式"为"GI_漫射"的情况下,该参数可以控制Octane对场景对象产生的漫反射效果。数值越高,漫反射面积也就越大。测试效果如图2-25~图2-27所示。

图2-25   图2-26   图2-27

2.2.6 光射偏移

"光射偏移"用于计算光线与物体之间的偏移距离。当值较大时,光线在物体表面的偏差较大;当值较小时,光线计算会更加准确。测试效果如图2-28~图2-31所示。通常情况下保持默认即可。

图2-28   图2-29   图2-30   图2-31

2.2.7 过滤尺寸

"过滤尺寸"用于控制渲染时渲染像素格的大小。该参数可以适当减少噪点，但是值越大，图像越容易模糊。测试效果如图2-32和图2-33所示。

图2-32　　　　　　　　　　　　　　　　　图2-33

2.2.8 AO距离

AO又称环境光吸收，主要用于对物体的边缘进行黑色描边效果的处理，能够从视觉上使物体的轮廓更加清晰立体。数值越大，AO的效果越明显。测试效果如图2-34和图2-35所示。

图2-34　　　　　　　　　　　　　　　　　图2-35

2.2.9 Alpha阴影

"Alpha阴影"必须与材质中的"透明度"参数配合使用才能生效。该选项能让光线穿透镂空部分，呈现正确的阴影效果，而不是出现物体整体的轮廓阴影。测试效果如图2-36和图2-37所示。

图2-36　　　　　　　　　　　　　　　　　图2-37

2.2.10 Alpha通道

在输出渲染效果时，如果使用了日光、HDRI环境天空作为场景灯光时，会出现真实的环境或天空背景，此时可以使用"Alpha通道"选项控制渲染效果是否包含背景。测试效果如图2-38和图2-39所示。

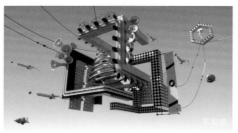

图2-38　　　　　　　　　　　　　　　　　图2-39

技巧提示 注意，要想在渲染界面看到图2-39所示的没有背景环境的渲染效果，还必须按组合键Ctrl+B，打开"渲染设置"对话框，切换到"保存"选项卡，勾选"Alpha通道"选项，以在渲染效果中去掉背景内容，如图2-40所示。

图2-40

2.2.11 保持环境

"保持环境"通常是与"Alpha通道"搭配使用的，前者默认为勾选状态。以图2-41所示的效果为例，如果勾选"保持环境"选项，那么渲染出来的模型边缘会受HDRI环境的影响，如图2-42所示；如果取消勾选"保持环境"选项，那么渲染出来的模型边缘就不会受HDRI环境的影响，如图2-43所示。

图2-41

图2-42

图2-43

技巧提示 "保持环境"选项是否要勾选，并不是绝对的。读者需要根据不同的场景需求来进行判断。

2.2.12 自适应采样

在"直接照明"模式下，勾选"自适应采样"选项，可以对渲染进行一定的提速，其他选项保持默认即可，如图2-44所示。该参数可以确定渲染场景中是否有区域比其他区域需要更多的采样，从而不平等地对整个场景进行采样。通过"自适应采样"的参数，Octane能够停止渲染不需要继续渲染的区域，从而释放更多的GPU来渲染还需要继续渲染的区域。

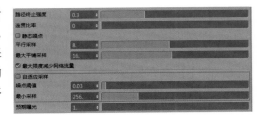

图2-44

如果设置"最大采样"值为1000，"自适应采样"中的"最小采样"值为默认的256，"噪点阈值"为0.03，那么Octane在渲染进程递增256次后，会根据"噪点阈值"0.03判断已经干净的区域，从而停止渲染这一部分（绿色），将剩余的744次渲染递增到其他有噪点的区域（黑色），如图2-45和图2-46所示。

技巧提示 "噪点阈值"为0.01~0.03时，Octane能把噪点消除得比较干净。作者推荐使用中间值（0.02）。

图2-45

图2-46

2.3 路径追踪模式

"路径追踪"模式是更好的无偏差渲染模式，可以获得具有物理准确性的逼真图像。当然，这种模式会比"直接照明"增加更多的渲染时间。参数面板如图2-47所示。

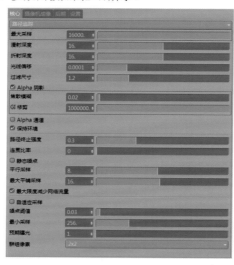

图2-47

> **技巧提示** 图2-47所示的部分参数与"直接照明"模式中有相同的，例如"最大采样"同样控制渲染质量，参数越大，质量越好，噪点相对较少，建议设置为500~2000。本节仅介绍新增的重要参数，对于其他参数的设置，请参考2.2节的内容。

2.3.1 焦散模糊

当"焦散模糊"较小时，焦散（透光）效果会很锐利清晰，如图2-48所示；当"焦散模糊"较大时，焦散（透光）效果会很柔和模糊，如图2-49所示。

焦散模糊=0.01

图2-48

焦散模糊=1

图2-49

2.3.2 GI修剪

使用"GI修剪"可以有效地降低画面中的噪点。保持参数值为1~3，可以移除画面中大量的噪点。测试效果如图2-50和图2-51所示。

> **技巧提示** "GI修剪"的值不能小于1。另外，"GI修剪"只是移除部分噪点，并不能完全消除噪点。

GI修剪=1000000

图2-50

GI修剪=1

图2-51

2.4 PMC与信息通道模式

　　"PMC"模式可以创建更加精确的照明和焦散效果，真实度会高于"路径追踪"模式，一般用于渲染更高质量的效果。当然，这种模式会消耗更多的时间。参数面板如图2-52所示。

　　"信息通道"模式可以让渲染结果显示更多的图像通道信息，例如几何体法线、材质ID、Z-深度、环境吸收、灯光通道ID、反射过滤等，这些通道可以用于后期合成。参数面板如图2-53所示。

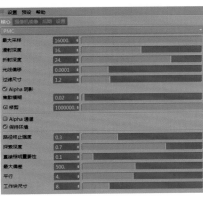

图2-52

图2-53

2.5 渲染设置

　　在使用Octane进行三维渲染时，每次都需要进行一系列配置。为了提高工作效率，设计师通常都会制定一套预设方案，在每次工作时直接调用，以节省时间。本节主要介绍常用的渲染设置。

2.5.1 设置Octane渲染界面

　　每次启动Octane时，都需要在Cinema 4D中执行"Octane>Octane 实时查看窗口"菜单命令，才可以打开渲染界面。

01 执行"Octane>Octane实时查看窗口"菜单命令，打开OctaneLV，如图2-54所示。

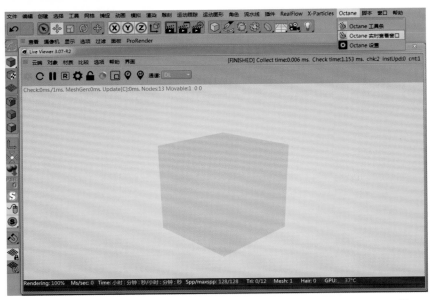

图2-54

02 单击并按住OctaneLV左上方的▦按钮，然后将其拖曳到Cinema 4D工作界面的右侧，待出现一条黑线或白线时，释放鼠标左键，如图2-55所示。OctaneLV会直接嵌入到Cinema 4D的界面中，如图2-56所示。

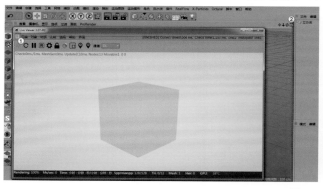
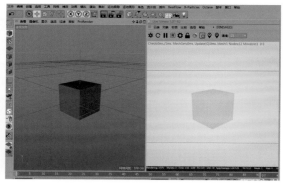

图2-55 图2-56

2.5.2 设置Octane工具栏

如果要添加材质或灯光，就需要使用Octane的菜单命令。这个过程非常浪费时间，所以通过创建Octane工具栏来提高工作效率是非常有必要的。

01 在Cinema 4D中执行"窗口>自定义布局>自定义命令"菜单命令或按组合键Shift+F12，打开"自定义命令"对话框，在"名称过滤"后的文本框中输入Octane，Cinema 4D会检索出与Octane相关的所有工具，如图2-57所示。

02 选择其中一个工具，例如"Octane HDRI环境"，将其拖曳到Cinema 4D的工具栏，待工具栏出现蓝色矩形框时释放鼠标左键，如图2-58所示，即可将工具嵌入到Cinema 4D的工具栏中，如图2-59所示。

图2-58

图2-57

图2-59

03 用相同的方法将其他常用的Octane
工具嵌入到Cinema 4D的工具栏中，如图
2-60所示。

图2-60

技巧提示 图2-60所示工具依次为目标区域光、区域光、日光、HDRI环境、漫射材质、光泽材质、透明材质、混合材质、摄
像机、雾体积、分布、实时查看窗口。

04 将Octane工具嵌入到Cinema 4D的工具
栏后，需要保存界面布局。执行"窗口>
自定义布局>另存布局为"菜单命令，打
开"保存界面布局"对话框，为当前布局
设置文件名，例如Octane，并单击"保存"
按钮，如图2-61所示。

图2-61

技巧提示 读者在下一次启动Cinema 4D时，只需要在右上角的"界面"下拉菜单中选择"Octane（用户）"，即可启用之前设置
并保存的界面布局，如图2-62和图2-63所示。

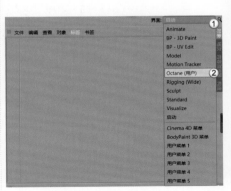

图2-62

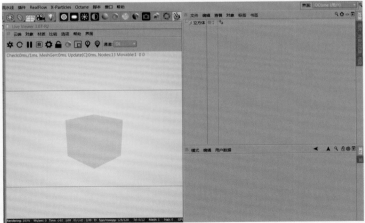

图2-63

笔者建议将渲染界面和工具栏都设置好后再保存自定义界面布局。

2.5.3 设置Octane渲染预设

在渲染时，设计师都有自己的一套渲染参数，且每一套渲染参数都会包含非常多的参数设置。如果每次渲
染之前都要调整好这些参数，就会非常浪费时间。因此，可以设置一套渲染参数，将其保存为渲染预设，以后
直接调用即可。下面介绍一套适用于本书学习的渲染预设，如果读者需要渲染更好的效果或追求更快的渲染速
度，可以根据相关参数介绍适当地提高或降低参数的数值。

01 核心设置 这里以"路径追踪"模式为渲染模式。设置"最大采样"为1000、"GI修剪"为1、"噪点阈值"为0.02，勾选"自适应采样"选项，如图2-64所示。

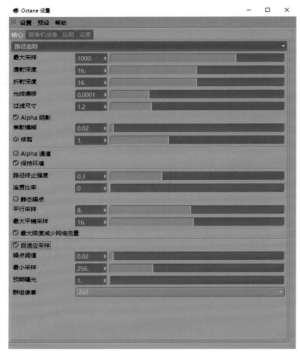

图2-64

> **技巧提示** 关于参数的设置原理，如果读者还不是特别明白，请参阅2.2和2.3节的参数介绍。对于以上保持默认的参数，读者也可以根据自身需求进行调整。

02 设置摄像机成像 切换到"摄像机成像"选项卡，设置"伽马"为2.2、"镜头"为Linear(线性增强)、"噪点移除"为0.8，勾选"中性镜头"选项，如图2-65所示。

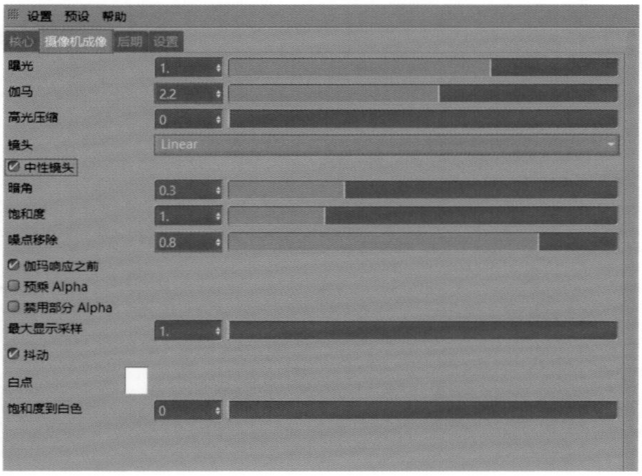

图2-65

> **技巧提示** Octane的渲染预设设置完成，该预设适用于本书学习和大部分渲染工作，但它并不是固定参数。

03 设置预设 在"Octane 设置"对话框中执行"预设>添加新预设"菜单命令，如图2-66所示。然后在对话框中设置预设名，例如utvc4d，并单击"Add Preset(新增预设)"按钮，将预设添加到预设库中，如图2-67所示。

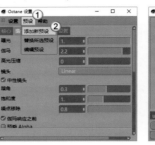

图2-66

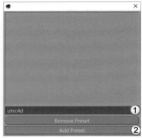

图2-67

04 加载预设 每次打开Cinema 4D时，在"Octane设置"对话框中执行"预设>utvc4d"菜单命令，即可让Octane使用之前设置的渲染预设参数，如图2-68所示。

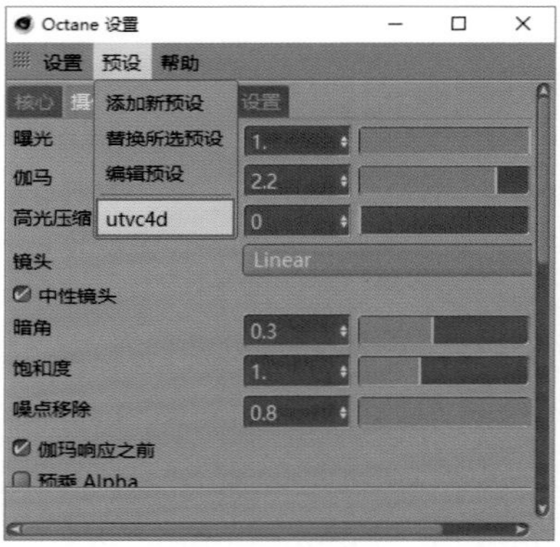

图2-68

> **技巧提示** 本节介绍的内容，是作者常用的一套渲染设置。读者在使用Octane前，可以准备好这些设置，方便后续的工作。读者在这里或许会有疑问：2.2节介绍了"直接照明"模式的相关参数，为什么这里却只进行"路径追踪"模式的参数设置？
>
> 首先，"直接照明"模式中的参数在"路径跟踪"模式中也能找到，且作用一样；其次，"路径追踪"模式多了3个不同的参数，这3个参数可以对渲染效果进行更深层次的设置；最后，"路径追踪"模式能提供比较接近真实世界的光线，可以渲染出更逼真的画面效果。所以在日常工作中"路径追踪"模式是比较常用的渲染模式。

第 **3** 章 Octane灯光照明系统

■ **学习目的**

　　对于 Octane 物理无偏差渲染器来说，有偏差渲染器的光源已经失去意义，例如点光源、聚光源都是为了模拟渲染的常用灯光，现实世界根本不存在。Octane 拥有的光源相对简单很多，因为它更贴近现实世界。

■ **主要内容**

- Octane日光
- Octane HDRI环境
- Octane IES灯光
- 黑体发光
- Octane纹理环境
- Octane区域光
- 自发光对象
- 纹理发光

3.1 Octane日光系统

Octane拥有一个非常强大的日光系统，适合进行室外渲染。与现实世界一样，不同的太阳高度可以让整个照明呈现不同的效果，例如清晨、傍晚等效果。另外，它可以与HDRI配合使用。选择Cinema 4D工具栏中的"Octane 日光"工具 ☀ ，在视图中创建一个水平的日光，如图3-1所示。参数面板如图3-2所示。

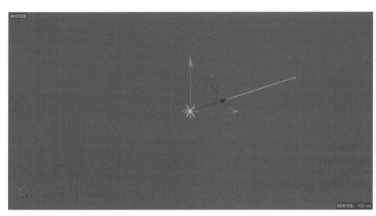
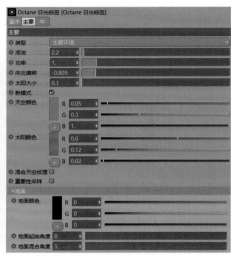

图3-1　　　　　　　　　　　　　　　　　　图3-2

技巧提示 因为在第2章的"2.5 渲染设置"中已经进行了Octane工具界面设置，所以这里可以直接调用工具。如果读者界面与书中不一致，可以按照"2.5 渲染设置"中的介绍进行界面设置。

3.1.1 浑浊

当"浑浊"等于2.2时，空间会产生尖锐的阴影（如晴朗的天空），如图3-3所示；当值高于2.2时，空间会产生阴天一样的扩散阴影，如图3-4所示。因此，可以用该参数控制制作一个蔚蓝还是阴暗的天空。

图3-3　　　　　　　　　　　　　　图3-4

3.1.2 功率

"功率"主要用于调整日光的明暗强度。默认值为1，效果如图3-5所示；当值小于1时，空间会整体变暗，可以用于制作夜晚效果，如图3-6所示；当值大于1时，空间会整体变亮，甚至曝光，如图3-7所示。

图3-5　　　　　　　　　　　图3-6　　　　　　　　　　　图3-7

3.1.3 向北偏移

　　"向北偏移"主要用于调整日光的方向。测试效果如图3-8和图3-9所示。

向北偏移=0.12

图3-8

向北偏移=0.3

图3-9

> **技巧提示** 除此之外，读者还可以在"对象"面板中选择"OctaneDayLight（Octane日光）"对象，如图3-10所示。然后在"属性"面板中切换到"坐标"选项卡，使用"R.H"调整日光的照射方向，使用"R.P"调整日光的高度，如图3-11所示。

图3-10

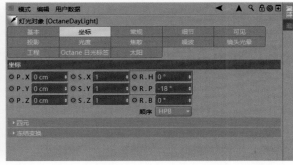

图3-11

3.1.4 太阳大小

　　"太阳大小"用于设置太阳的半径。值越大，太阳半径越大，阴影则越虚，如图3-12所示；值越小，太阳半径越小，阴影则越实，如图3-13所示。

太阳半径=10

图3-12

太阳半径=1

图3-13

3.1.5 新模式

　　"新模式"默认为勾选状态，可以让日光与场景之间出现地平线，如图3-14所示；如果不勾选，日光将作为环境存在，如图3-15所示。

勾选

图3-14

不勾选

图3-15

> **技巧提示** "天空颜色"和"太阳颜色"分别用于调整天空和太阳的颜色，读者可以根据设计需求进行设置。

3.1.6 混合天空纹理

使用"混合天空纹理"可以将日光与HDRI环境混合在一起使用，为天空增加更多的信息，这样可以使空间效果更加真实且不缺乏细节。测试效果如图3-16和图3-17所示。使用后面的"重要性采样"可以降低某些区域的噪点。

图3-16

图3-17

技巧提示 如果不勾选"混合天空纹理"选项，即便增加了HDRI环境，它也不会起到任何作用；只有勾选"混合天空纹理"选项，HDRI环境才能与日光混合使用。

3.1.7 地面

在默认情况下，日光场景中会出现地平线，上方为天空，下方为黑色。读者可以修改下方区域的颜色，也可以使用"地面起始角度"与"地面混合角度"来过滤黑色。下面以"地面混合角度"为例，测试效果如图3-18和图3-19所示。

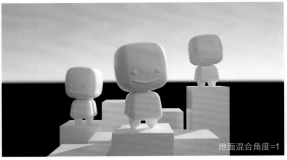
地面混合角度=1
图3-18

地面混合角度=15
图3-19

技巧提示 "添加雾"的内容将会在后面的HDRI环境中进行详细介绍。

实例：模拟日光照射效果

场景文件	场景文件>CH03>01>01.c4d
实例文件	实例文件>CH03>实例：模拟日光照射效果>实例：模拟日光照射效果.c4d
教学视频	实例：模拟日光照射效果.mp4
学习目标	掌握Octane日光的设置方法

图3-20所示为本实例最终效果。光是其中非常重要的部分，读者除了要了解灯光照明系统的参数外，还要有"看图识光"的能力。从场景中可以看出当前效果为白天，且光线的明暗界线在场景的中心。因此，可以推断出灯光类型为日光，灯光角度为当前视角的左上方。

01 打开学习资源中的"场景文件>CH03>01>01.c4d"文件。当前场景已经设置好了场景模型和摄像机视图，如图3-21所示。单击OctaneLV的"渲染激活"图标 ，对场景进行实时渲染，效果如图3-22所示。

图3-20　　　　　　　　　　　图3-21　　　　　　　　　　　图3-22

> **技巧提示** 从渲染效果中可以发现，当前场景中没有日光，也没有天空环境，因此需要在场景中加入日光效果。读者打开场景后，请不要忘记将界面设置为在第2章中保存的自定义界面布局，如图3-23所示。

图3-23

02 **加载渲染预设** 在第2章中已经为Octane设置了渲染预设，这里只需要加载即可。单击OctaneLV中的"设置"图标 ，打开"Octane 设置"对话框，然后执行"预设>utvc4d"菜单命令，如图3-24所示，将"路径追踪"模式的渲染预设设定为当前场景的渲染参数，渲染参数如图3-25所示。

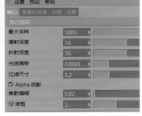

图3-24　　　　　　　　　　　图3-25

03 **创建日光** 选择Cinema 4D工具栏中的"Octane 日光"工具 ，为场景创建日光。此时OctaneLV会对场景进行实时渲染，效果如图3-26所示。添加日光后，场景呈现的是夜晚的效果，并没有出现白天的明暗对比。

> **技巧提示** 除了直接单击Cinema 4D工具栏中添加的Octane工具外，读者还可以在OctaneLV中执行"对象>Octane日光"菜单命令来创建日光，如图3-27所示。

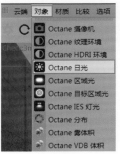

图3-27

图3-26

04 调整日光高度和角度 切换到正视图。为了方便读者学习和查看，作者将太阳移动到比较明显的位置，如图3-28所示。

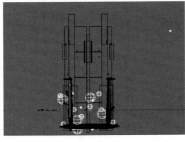

图3-28

技巧提示 因为接下来要调整太阳的照射方向和高度，所以要明确摄像机拍摄角度在正视图的哪一侧。在正视图中，按组合键N+A，将正视图显示为"光影着色"模式，如图3-29所示。

在"光影着色"模式的正视图中可以看到场景的外侧，证明摄像机是从里面拍摄的。也就是说，摄像机视角和正视图视角是反方向的。在前面的分析中，太阳在摄像机视角的左上方，因此在与摄像机视角相反的正视图中，太阳就应该在右上方。

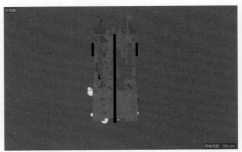

图3-29

05 单击"对象"面板中的"OctaneDayLight（Octane日光）"对象，然后在"属性"面板中调整坐标参数，设置"R.H"为14°、"R.P"为－45°，如图3-30所示。太阳位置如图3-31所示。OctaneLV的实时渲染效果如图3-32所示。

图3-30

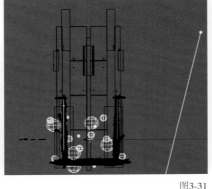

图3-31

图3-32

06 单击"对象"面板中"OctaneDayLight（Octane日光）"对象后的"Octane日光标签"图标，进入"属性"面板，设置"向北偏移"为－0.04，如图3-33所示。实时渲染效果如图3-34所示。

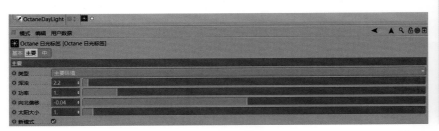

图3-33

图3-34

技巧提示 为了方便读者还原出书中的效果，在步骤中给出了确切的参数，但是请读者一定不要认为灯光的参数设置能这样一步到位。在任何场景中，灯光的各个参数都是通过不断调整、不断在OctaneLV中观察，才能得到。因此，请读者在练习的时候，将书中参数作为一个参考值，然后发挥自己的主观能动性，去调整参数和观察效果，总结出相关经验，才能真正掌握灯光照明系统。

07 制作辉光效果 目前得到了非常不错的光影效果，但场景中放置了玻璃球，在阳光照射下，应该呈现辉光效果，让光影效果更加炫丽。单击OctaneLV中的"设置"图标，打开"Octane 设置"对话框，切换到"后期"

选项卡，勾选"启用"选项，设置"辉光强度"为15、"眩光强度"为3，如图3-35所示。实时渲染效果如图3-36所示，辉光效果让画面的细节更加丰富。

08 渲染和输出 按组合键Ctrl+B打开"渲染设置"对话框，设置"渲染器"为"Octane Renderer"，让Cinema 4D使用Octane的渲染设置来渲染效果图，如图3-37所示。

图3-35

图3-36

图3-37

09 切换到"保存"选项卡，单击"文件"后的"加载"按钮，设置渲染图的保存位置，然后设置"格式"为JPG，如图3-38所示。

10 选择摄像机视图，按组合键Shift+R渲染最终效果，如图3-39所示。

图3-38

图3-39

> **技巧提示** 读者或许有疑问：步骤10的效果与步骤07中的一样，为什么要多此一举呢？
>
> 这并不是多此一举。步骤07中的效果是实时渲染效果，用于帮助设计师在设计时观察效果；步骤10的效果是渲染输出的图片效果，主要用于后期处理或提交图片。

11 后期处理 一幅好的作品离不开后期的优化处理。在Photoshop中打开保存的渲染图片，如图3-40所示。

12 在"图层"面板中单击"创建新的填充或调整图层"图标，然后在快捷菜单中选择"色彩平衡"和"色阶"命令，如图3-41所示。命令执行后"图层"面板如图3-42所示。

图3-40

图3-41

图3-42

> **技巧提示** 这里主要使用"色彩平衡"调整画面的色调，使用"色阶"调整画面的明暗关系和层次感。

13 选择"色彩平衡1"图层，打开"属性"面板。设置"色调"为"阴影"，然后设置"青色-红色"为6、"洋红-绿色"为－2、"黄色-蓝色"为4，调整阴影区域的色调，如图3-43所示；设置"色调"为"中间调"，设置"青色-红色"为4、"洋红-绿色"为－4、"黄色-蓝色"为6，如图3-44所示；设置"色调"为"高光"，设置"青色-红色"为1、"洋红-绿色"为4、"黄色-蓝色"为－6，调整高光区域的色调，如图3-45所示。调整前后的对比效果如图3-46和图3-47所示。

图3-43

图3-44

图3-45

图3-46

图3-47

14 选择"色阶1"图层，打开"属性"面板，然后调整"色阶"的参数，如图3-48所示。最终效果如图3-49所示。

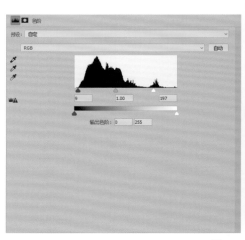

图3-48

图3-49

技巧提示 书中给出的后期处理参数仅仅是一个参考。相信不同的读者对图像色彩和层次的理解是不一样的，所以请读者根据自己的理解在Photoshop中不断尝试和处理，制作出自己喜欢的作品。

3.2 Octane环境光系统

在Octane环境光系统中，有"Octane 纹理环境"和"Octane HDRI环境"两种。单击"Octane 纹理环境"图标 ◑ 即可创建"Octane 纹理环境"，参数面板如图3-50所示；单击"Octane HDRI环境"图标 ◑ 即可创建"Octane HDRI环境"，参数面板如图3-51所示。"Octane HDRI环境"可以让渲染效果接近真实照片水准，不仅能给场景带来真实的光源，还可以增加更多的明暗对比细节，弥补日光产生渐变色的不足。

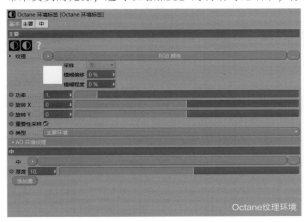

Octane纹理环境

图3-50

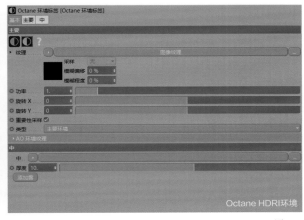

Octane HDRI环境

图3-51

技术专题： Octane 纹理环境与Octane HDRI环境的区别

细心的读者应该能发现：在"Octane 纹理环境"和"Octane HDRI环境"的参数面板中，除了"纹理"参数不一样，其他参数都是一样的。另外，无论使用"Octane 纹理环境"工具 ◑ ，还是使用"Octane HDRI环境"工具 ◑ 创建的环境光系统，灯光的"属性"面板都是"Octane 环境标签"，且读者可以通过单击面板中的"Octane 纹理环境"图标 ◑ 和"Octane HDRI环境"图标 ◑ 在两种环境光系统之间来回切换。那么这两种环境光系统有什么区别呢？

Octane 纹理环境

这种环境光系统的"纹理"为"RGB颜色"，可以通过它为场景选择需要的色彩信息。下面以图3-52所示的场景为例来说明，当前风格属于暗色调，黑色面积大于白色面积。

图3-52

◎1 打开学习资源中的"练习文件>CH03>技术专题:Octane纹理环境与Octane HDRI环境的区别>工程文件.c4d"文件，如图3-53所示。实时渲染效果如图3-54所示。

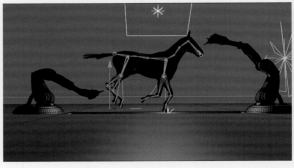

图3-53

图3-54

02 单击"对象"面板中"OctaneSky（Octane环境）"对象后的 ◑ 图标，如图3-55所示。然后在"属性"面板中可以查看到当前的"Octane 环境标签"为"Octane 纹理环境"类型，且环境颜色为黑色，如图3-56所示。

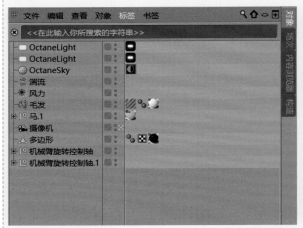
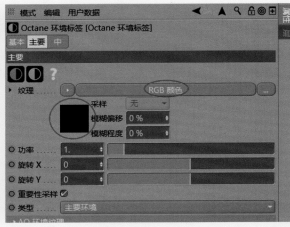

图3-55　　　　　　　　　　　　　　　　　　　　　　　　　　　图3-56

03 将环境颜色改为白色（R:255,G:255,B:255），如图3-57所示。此时，实时渲染效果的背景会变为白色，如图3-58所示。因此，使用"Octane 纹理环境"可以通过修改"RGB颜色"来直接改变场景的背景颜色。

　　另外，当场景中没有环境光系统时（例如删除"对象"面板中的"OctaneSky"对象），如果要得到黑色环境，还可以在"Octane 设置"对话框中直接设置"环境颜色"。单击OctaneLV中的"设置"图标 ⚙，打开"Octane 设置"对话框，切换到"设置"选项卡，设置"环境颜色"为黑色（R:0,G:0,B:0），具体参数设置如图3-59所示。

图3-57　　　　　　　　　　　　　　　图3-58　　　　　　　　　　　　　　　图3-59

Octane HDRI环境

　　在"属性"面板中单击"Octane HDRI环境"图标 ◑，切换到"Octane HDRI环境"模式，单击"纹理"后的"加载"按钮 ▭，并在弹出的对话框中选择HDRI贴图文件（utv-009.hdr），如图3-60所示。加载后的面板如图3-61所示，在面板中可以预览HDRI环境的缩略图和相关信息。实时渲染效果如图3-62所示。

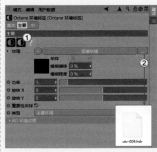

图3-60　　　　　　　　　　　　图3-61　　　　　　　　　　　　　　　图3-62

　　从测试效果可以发现，"Octane HDRI环境"可以使用HDRI图像作为场景的环境光。

> **技巧提示** 如果读者在使用HDRI贴图作为环境光后，对环境角度不太满意，那么可以使用"旋转X"和"旋转Y"分别在横向和纵向上旋转环境图像，得到不一样的环境角度。
>
> 另外，使用"重要性采样"可以减少噪点，提高渲染效率。"重要性采样"默认为勾选状态。

3.2.1 功率

使用"功率"可以调整场景的整体亮度。该参数值越大，场景的整体亮度越大，反之则越小。测试效果如图3-63和图3-64所示。

图3-63

图3-64

3.2.2 类型

使用"类型"可以确定当前环境光系统的照明作用，同时也可以在一个场景中使用两套照明系统，分别为"主要环境"和"可见环境"。"主要环境"表示当前灯光系统为场景的环境光系统；"可见环境"可以理解为额外的灯光系统，主要用于为场景添加其他灯光效果。设置"类型"为"可见环境"后，"环境可见"选项组中会出现3个参数选项："背板""反射""折射"，如图3-65所示。

图3-65

重要参数介绍

◇ **背板：** 灯光系统只作为背景使用。

◇ **反射：** 灯光系统只会影响物体的反射效果。

◇ **折射：** 灯光系统只会影响物体的折射效果。

> **技巧提示** 因为"AO环境纹理"必须在"直接照明"模式下才可以正常使用，而本书建议使用的是"路径追踪"模式，所以这里不再详细介绍。

技术专题： 如何使用"可见环境"丰富场景的灯光效果

下面以两个环境光为例进行说明，目标效果如图3-66所示。

01 打开"练习文件>CH03>Octane环境光系统：类型>工程文件.c4d"文件，选择"Octane HDRI环境"工具，具体参数设置如图3-67所示，实时渲染效果如图3-68所示。这里将HDRI环境设置为"主要环境"，即当前环境可以作为场景中的灯光系统，对场景中的对象起到反射和折射等照明作用。

图3-66

图3-67　　　　　　　　　　　　　　　　　　图3-68

02 继续在场景中创建一个"Octane 纹理环境"，设置"类型"为"可见环境"，然后设置"RGB颜色"为蓝色（读者也可设置成自己想要的颜色），如图3-69所示。因为"可见环境"的默认参数为"背板"，也就是说，当前的"Octane 纹理环境"只作用于场景的背板效果，场景中对象表面的反射和光照效果均由最初的"Octane HDRI环境"控制，如图3-70所示。

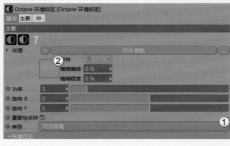

图3-69　　　　　　　　　　　　　　　　　　图3-70

有兴趣的读者可以在当前工程文件中尝试"可见环境"的"环境可见"选项组中其他两个参数的效果。

实例：使用HDRI环境丰富效果

场景文件	场景文件>CH03>02>02.c4d
实例文件	实例文件>CH03>实例：使用HDRI环境丰富效果>实例：使用HDRI环境丰富效果.c4d
教学视频	实例：使用HDRI环境丰富效果
学习目标	掌握Octane HDRI环境的设置方法

HDRI环境的效果如图3-71所示。

01 打开"场景文件>CH03>02>02.c4d"文件，场景中已经设置好灯光、材质和渲染视角等参数，如图3-72所示。实时渲染效果如图3-73所示，场景没有背景和环境光效。

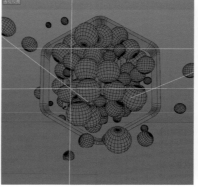

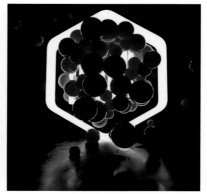

图3-71　　　　　　　　　　　图3-72　　　　　　　　　　　图3-73

02 加载渲染预设 单击OctaneLV中的"设置"图标 ⚙，打开"Octane 设置"对话框，然后执行"预设>utvc4d"菜单命令，将"路径追踪"模式的渲染预设设置为当前场景的渲染参数，渲染参数如图3-74所示。

03 创建HDRI环境 选择"Octane HDRI环境"工具 ◑，创建一个HDRI环境，实时渲染效果如图3-75所示。此时，场景有了纯色背景，球体表面也因为背景提亮而变亮。

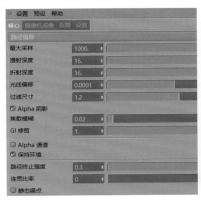

图3-74　　　　　　　　　　　　图3-75

04 单击"对象"面板中"OctaneSky"对象后的 ◑ 图标，打开"Octane 环境标签"参数面板中的"主要"选项卡，在"纹理"的"图像纹理"中加载"场景文件>CH03>02>utv-009.hdr"贴图，如图3-76所示。实时渲染效果如图3-77所示。

> **技巧提示** HDRI环境具有丰富并真实的灯光细节。对比图3-75和图3-77所示的效果，可以发现添加HDRI环境后，地面细节和球面光照效果都得到了更好的细节表现。

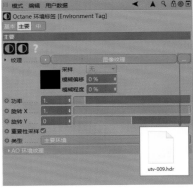

图3-76　　　　　　　　　　　　图3-77

05 添加辉光效果 为了让画面体现得更加炫彩，单击OctaneLV中的"设置"图标 ⚙，然后切换到"后期"选项卡，勾选"启用"选项，设置"辉光强度"为20、"眩光强度"为10，如图3-78所示。相对于图3-77所示的渲染效果，Octane的辉光效果提升了渲染画面的亮度和气氛。

06 渲染和输出 按组合键Ctrl+B打开"渲染设置"对话框，设置"渲染器"为Octane Renderer，让Cinema 4D使用Octane的渲染设置来渲染效果图，如图3-79所示。

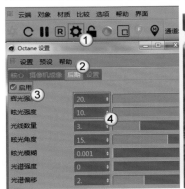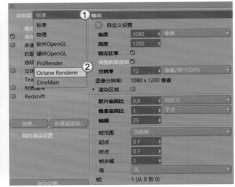

图3-78　　　　　　　　　　　　图3-79

07 切换到"保存"选项卡，单击"文件"后的"加载"按钮 ，设置保存位置，然后设置"格式"为JPG，如图3-80所示。

08 选择摄像机视图，按组合键Shift+R渲染最终效果，如图3-81所示。

图3-80　　　　　　　　　　　　　　　　　　　图3-81

09 **后期处理** 将渲染出来的图片导入Photoshop，如图3-82所示。

10 在"图层"面板中单击"创建新的填充或调整图层"图标 ，在快捷菜单中选择"色阶"命令，然后在"属性"面板中拖曳滑块调整参数，增加图像的层次感，如图3-83所示。最终效果如图3-84所示。

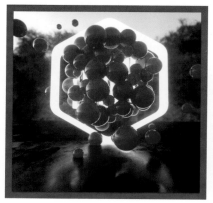

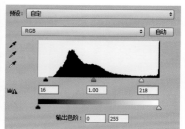

图3-82　　　　　　　　　　图3-83　　　　　　　　　　图3-84

技术专题： 如何为场景添加雾效果

使用"Octane 环境标签"参数面板的"中"选项卡中的"添加雾"工具 添加雾 可以添加雾效果。下面使用"练习文件>CH03>技术专题：如何为场景添加雾效果>工程文件.c4d"文件来演示。

01 对场景进行实时渲染，渲染效果如图3-85所示。从"对象"面板中可以发现有3个"OctaneLight"对象，这是为场景创造的灯光，因为只有光线才可以体现雾的效果。

02 将"Octane 纹理环境"的"RGB颜色"设置为黑色，如图3-86所示。

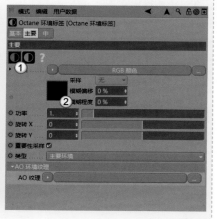

图3-85　　　　　　　　　　　　图3-86

03 下面开始添加雾。切换到"中"选项卡，单击"添加雾"按钮 添加雾，如图3-87所示。单击"散射介质"按钮 散射介质，进入参数设置面板，如图3-88所示。

04 使用"吸收"设置光线穿透云雾的效果。进入"散射介质"参数面板，单击"吸收"后的"加载"按钮 ，然后执行"C4doctane>浮点纹理"菜单命令，如图3-89所示。单击"吸收"中"浮点纹理"下的色块，将"浮点"设置为0，如图3-90所示。

图3-87

图3-88

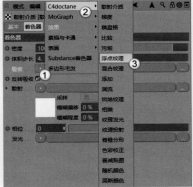

图3-89

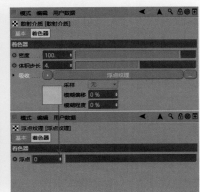

图3-90

05 使用"散射"设置雾的可观测距离。这里同样使用"浮点纹理"来控制效果，并设置"浮点"为1，如图3-91所示。

06 回到"Octane 环境标签"参数面板，根据场景大小使用"厚度"来调整生成雾的厚度，例如本场景设置为2000，如图3-92所示。

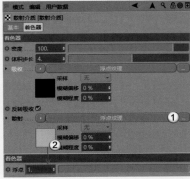

图3-91

图3-92

07 使用"密度"调整雾的效果。单击"散射介质"按钮 散射介质，然后将"密度"的默认值100分别设置为0.01和0.03，如图3-93所示。这里，对比效果如图3-94和图3-95所示，后者的雾效果比前者更加浓密，但光线更暗。

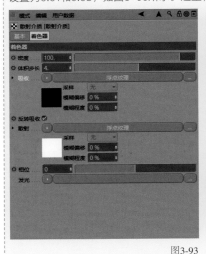

图3-93

图3-94

图3-95

注意，"密度"的值不宜设置得过大，建议的选择区间为0.01~0.1。

实例：制作日光的雾效果

场景文件	场景文件>CH03>03>03.c4d
实例文件	实例文件>CH03>实例：制作日光的雾效果>实例：制作日光的雾效果
教学视频	实例：制作日光的雾效果.mp4
学习目标	掌握灯光雾效果的制作方法

日光照射下的雾效果如图3-96所示。

01 打开"场景文件>CH03>03>03.c4d"文件，如图3-97所示。此时场景中已经创建了"Octane 日光"，并且在日光中设置了雾的相关参数，效果如图3-98所示。

图3-96   图3-97   图3-98

技巧提示 "Octane 日光"的雾效果制作方法与"技术专题：如何为场景添加雾效果"完全一致，这里就不赘述了。图3-98所示的效果中并没有雾的存在，这是因为整个场景中的雾"厚度"设置过小。

02 设置"厚度"为2000cm，如图3-99所示。实时渲染效果如图3-100所示。

图3-99   图3-100

03 此时，出现了日光从树枝透出光线的效果，这是雾与光的自然现象。如果想让雾与光线的效果更加明显，可以单击"散射介质"按钮 ![散射介质]，通过设置"相位"的值来调整效果，例如0.5，如图3-101所示。实时渲染效果如图3-102所示。

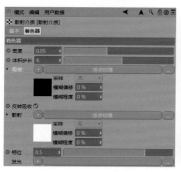

图3-101   图3-102

技巧提示 雾的效果与"厚度""密度""吸收""散射"等都息息相关，读者需要根据不同的情况来进行调整。因此，这些参数没有准确的数值，请读者多多测试，并逐步掌握它们的调整规律。

3.3 Octane区域光系统

日光与HDRI环境属于环境照明系统，即自然的天空照明环境。在生活中，到处充满着人工光源，那么Octane区域光就起到了非常重要的作用。

单击"Octane 区域光"图标▢或在OctaneLV中执行"对象>Octane区域光"菜单命令，即可在场景中创建一个区域光。参数面板如图3-103所示。

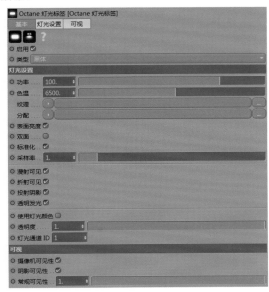

图3-103

3.3.1 灯光形状

创建的区域光默认为矩形，如果要更改区域光的形状，可以在"对象"面板中单击"OctaneLight"对象名称，然后在"灯光对象"参数面板中单击"细节"选项卡，在"形状"后的下拉列表中选择对应的形状即可，如图3-104所示。常用的5种灯光形状如图3-105所示。

图3-104

图3-105

技术专题： 分清Cinema 4D属性和Octane属性

在使用灯光系统时，无论是日光还是区域光，读者一定要分清楚当前调整的参数是属于Cinema 4D还是Octane。

在"对象"面板中单击对象名称，如图3-106所示，则会在"属性"面板中显示Cinema 4D默认的灯光属性，如图3-107所示。

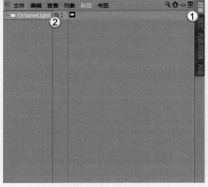

图3-106

图3-107

在"对象"面板中单击对象的标签图标，例如这里的"Octane区域光"图标，如图3-108所示，则会在"属性"面板中显示Octane的灯光属性，如图3-109所示。

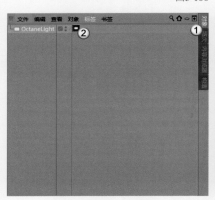

图3-108

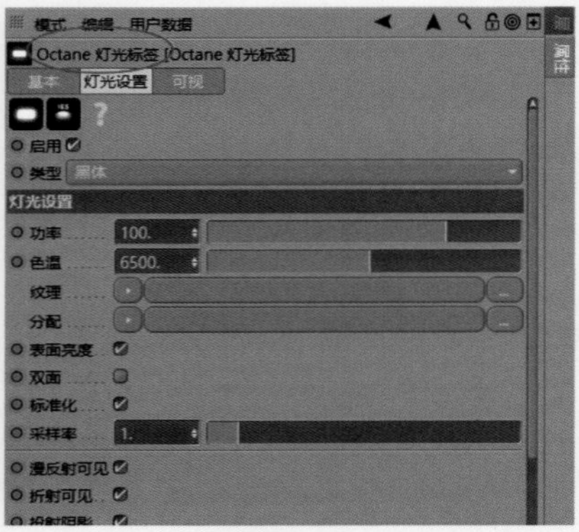

图3-109

3.3.2 区域光与IES

在"Octane 灯光标签"参数面板中包含"Octane 区域光"图标和"Octane IES灯光"图标，读者可以通过直接单击它们来将灯光切换为对应的类型，如图3-110所示。

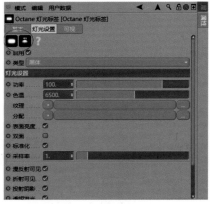

图3-110

技巧提示 关于"Octane IES灯光"的内容，在后面会单独介绍，本节主要介绍区域光的相关设置。另外，读者可以通过"启用"选项来设置灯光的开与关，勾选表示开，反之则表示关。

3.3.3 类型

"类型"中包含了两种不同的光源特征，分别为"黑体"和"纹理"，如图3-111所示。测试效果如图3-112和图3-113所示。

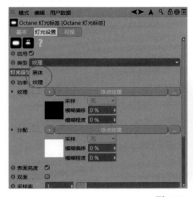

图3-111

图3-112

图3-113

> **技巧提示** "类型"设置不同，参数面板会发生相应变化。下面主要介绍"类型"设置为"黑体"后参数面板中的重要参数。

3.3.4 功率

"功率"可以设置灯光的强弱，单位为W（瓦特），可以将其理解为生活中的灯泡功率。如果读者要进行写实渲染，那么建议在这里设置真实的灯光功率；如果读者不是进行写实渲染，那么灯光的"功率"参数可以根据设计效果去任意设置。测试效果如图3-114和图3-115所示。

图3-114

图3-115

> **技巧提示** 在写实渲染时，读者需要对灯泡功率有一定的了解。通常情况下，一个标准灯泡的功率为25~100W，亮度约为250~1600lm（流明）；卤素灯泡的功率为18~72W，亮度与标准灯泡相同。

3.3.5 色温

"色温"可以调整灯光的照射颜色（多用于控制冷暖），单位为K（开尔文）。同理，如果想要进行写实渲染，那么建议读者使用真实世界的色温值，如图3-116所示。"色温"的参数效果如图3-117和图3-118所示。

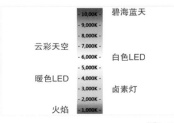

图3-116

图3-117

图3-118

3.3.6 纹理

读者可以在"纹理"中加载图片，然后使用图片纹理来进行灯光照明。加载纹理贴图后，界面中会显示纹理贴图的缩略图，用来预览效果，如图3-119所示。

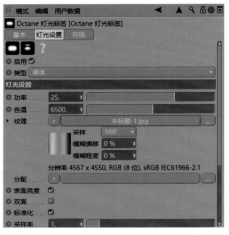

图3-119

技巧提示 关于"纹理"的渲染测试效果，请读者参见图3-113所示的效果。

3.3.7 分配

"分配"可以设置灯光的照射模式，控制灯光在空间中的分布情况。通常情况下，可以使用黑白贴图来控制灯光照射的效果。测试效果如图3-120和图3-121所示。下面介绍具体操作方法。

未加载贴图

图3-120

加载贴图

图3-121

第1步： 在"Octane 灯光标签"参数面板的"分配"后执行"C4doctane>图像纹理"菜单命令，如图3-122所示。

第2步： 为"图像纹理"加载一个用于控制灯光照射效果的黑白贴图，如图3-123所示。

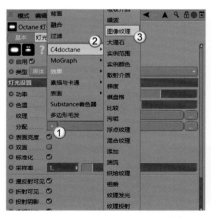

图3-122

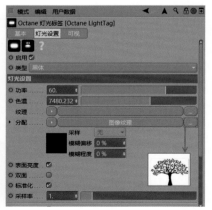

图3-123

技巧提示 贴图产生的照射效果不仅受灯光照射方向的影响，还受"变换"和"投影"参数的影响。

3.3.8 表面亮度

　　"表面亮度"是搭配灯光的尺寸对灯光亮度进行控制的。灯光的尺寸属于Cinema 4D中的参数，如图3-124所示。

　　如果灯光"形状"设置为"矩形"，当"表面亮度"选项为勾选状态时，改变"水平尺寸"和"垂直尺寸"的数值，灯光的明暗度就会随着灯光的尺寸变化而变化。测试效果如图3-125和图3-126所示。

图3-124

图3-125

图3-126

　　取消勾选"表面亮度"选项，改变"水平尺寸"和"垂直尺寸"的数值，灯光的尺寸不会影响到灯光的亮度。测试效果如图3-127和图3-128所示。

图3-127

图3-128

3.3.9 双面

　　"双面"可以控制灯光是否两侧都能发光。测试效果如图3-129和图3-130所示。

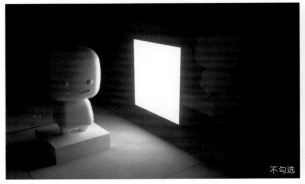

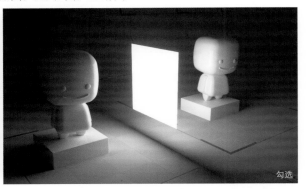

图3-129

图3-130

3.3.10 标准化

"标准化"可以让灯光亮度随着"色温"而产生变化。当取消勾选"标准化"选项时，暖色灯光的亮度会降低，如图3-131和图3-132所示；冷色灯光的亮度会增加，如图3-133和图3-134所示。

勾选标准化 暖色
图3-131

不勾选标准化 暖色
图3-132

技巧提示 在某些情况下，场景中会出现多个灯光，可能会使某些区域产生噪点。使用较大的"采样率"可以减少噪点。该参数默认为1，适用于大部分场景，通常情况下保持默认即可。

勾选标准化 冷色
图3-133

不勾选标准化 冷色
图3-134

3.3.11 漫射可见/折射可见

这两个参数主要用于设置灯光照射在物体上，物体的反射和折射效果是否会受到影响，以及灯光对物体表面产生何种效果。正常情况下，灯光的渲染效果如图3-135所示；如果取消勾选"漫射可见"选项，效果如图3-136所示。

技巧提示 "漫射可见"和"折射可见"决定是否禁止光源对场景产生照明、反射或折射效果。

勾选
图3-135

不勾选
图3-136

3.3.12 投射阴影

"投射阴影"可以控制灯光对场景是否产生阴影。测试效果如图3-137和图3-138所示。

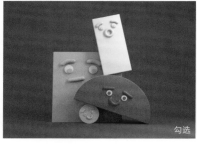
勾选
图3-137

不勾选
图3-138

技术专题：理解透明发光的原理

区域光中的"透明发光"参数通常是不会设置的。"透明发光"常用于黑体发光材质中，下面介绍具体操作方法。

01 打开"练习文件>CH03>技术专题：理解透明发光的原理>工程文件.c4d"文件，场景中有一个平面，如图3-139所示。然后为该平面制作灯光材质。

02 在OctaneLV中执行"材质>Octane 漫射材质"菜单命令，新建一个Octane漫射材质球，如图3-140所示。双击材质面板的材质球，然后在材质编辑器中选择"发光"选项，单击"黑体发光"按钮 黑体发光 ，如图3-141所示。

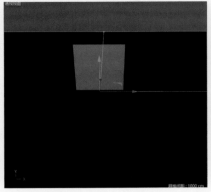

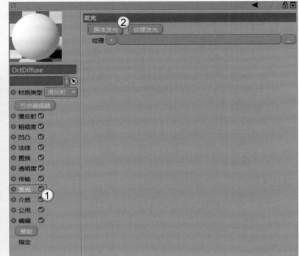

图3-139　　　　　　　图3-140　　　　　　　　　　　　　　　　　图3-141

03 单击"纹理"后的"黑体发光"按钮 黑体发光 ，在"着色器"选项卡中设置"功率"为300、"色温"为6500，如图3-142所示。

04 选择"透明度"选项，为"纹理"加载C4doctane中的"图像纹理"，然后加载一张黑白贴图（carsk1.jpg），如图3-143所示。

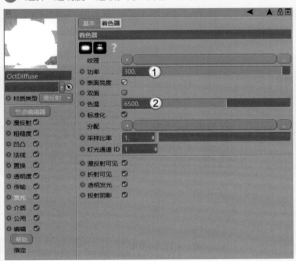

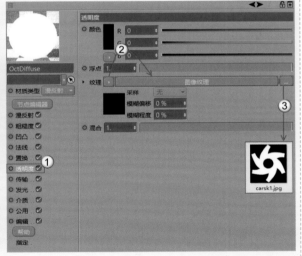

图3-142　　　　　　　　　　　　　　　　　　　　　图3-143

05 将材质面板中的Octane漫射材质球拖曳到场景中的平面上，如图3-144所示。实时渲染效果如图3-145所示。通过渲染效果可以发现，地面反射并没有出现黑白贴图中的图像，这显然是不合理的。

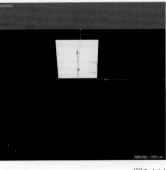

图3-144　　　　　　　　　　　　　　　　　　　　　图3-145

06 双击Octane漫射材质球，然后在材质编辑器中选择"发光"选项，取消勾选"透明发光"选项，如图3-146所示。实时渲染效果如图3-147所示，地面反射效果与发光平面保持一致。

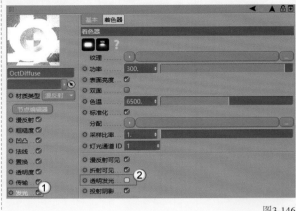

图3-146 图3-147

3.3.13 使用灯光颜色

勾选"使用灯光颜色"选项后，可以通过Cinema 4D灯光属性"常规"选项卡中的"颜色"参数直接改变Octane灯光颜色（这里为紫色），如图3-148所示。下面观察不勾选与勾选的区别，如图3-149和图3-150所示。

图3-148 图3-149 图3-150

> **技巧提示** "灯光通道ID"主要用于设置场景中灯光的通道ID，读者可以单独输出这些通道，然后将它们用于后期合成。

技术专题：修改灯光颜色的3种方法

在Octane中有3种方法进行修改，分别为"色温""纹理""使用灯光颜色"。在前面已经介绍过"色温"和"使用灯光颜色"，下面介绍如何通过"纹理"来修改颜色。

01 打开"练习文件>CH03>技术专题：修改灯光颜色的3种方法>工程文件.c4d"文件，然后单击"对象"面板中的"Octane 区域光"图标，为"纹理"参数添加C4doctane中的"RGB颜色"纹理，如图3-151所示。

02 单击"纹理"下的白色色块，然后单击"着色器"中的白色色块，打开"颜色拾取器"对话框，使用"RGB"模式，设置颜色为蓝色，单击"确定"按钮，如图3-152所示。使用该方法修改颜色后的对比效果如图3-153和图3-154所示。

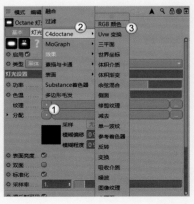

图3-151

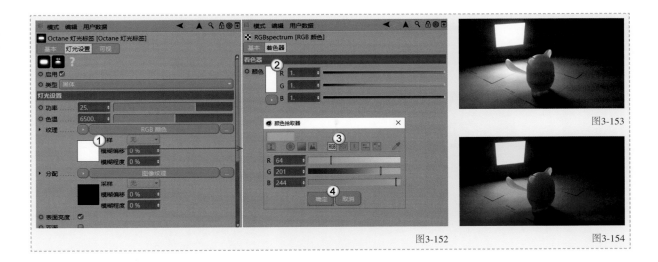

图3-152

图3-153

图3-154

3.3.14 摄像机可见性

在"可视"选项卡中主要包含设置灯光实体形状是否可见的参数，如图3-155所示。"摄像机可见性"选项主要用于设置灯光是否会被摄像机拍摄。勾选"摄像机可见性"选项时，灯光实体将会被渲染出来，如图3-156所示（左上角白色灯光）；取消勾选"摄像机可见性"选项时，灯光实体将不会被渲染出来，如图3-157所示。

图3-155

图3-156

图3-157

3.3.15 阴影可见性

"阴影可见性"选项可以控制当前灯光遮挡其他灯光时，是否会产生遮挡阴影。测试效果如图3-158和图3-159所示。

图3-158

图3-159

技巧提示 从测试图中可以看出，圆盘灯挡住了矩形灯，矩形灯光照射在圆盘灯上，地面产生圆盘灯的阴影，这个阴影的产生就是圆盘灯的存在造成的。所以这里应该取消勾选圆盘灯的"阴影可见性"选项，地面就不会显示圆盘灯造成的阴影了。

技术专题：认识Octane目标区域光

相对于前面介绍的"Octane 区域光"，使用"Octane 目标区域光"可以让灯光锁定一个特定的对象或目标，在灯光位置的调整上会优于区域光，如图3-160所示。在OctaneLV中，执行"对象>Octane 目标区域光"菜单命令，或者在"OctaneLight"上单击鼠标右键，执行"Cinema 4D标签>目标"菜单命令，结果如图3-161所示。

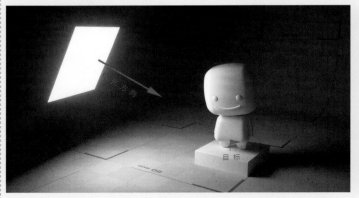
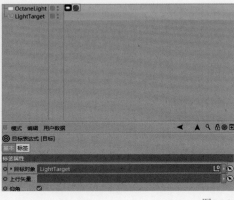

图3-160　　　　　　　　　　　　　　　　图3-161

技术专题：如何在Octane中使用IES灯光

IES是光域网灯光的一种物理性质，主要用于控制灯光在空气中的发散方式。不同的灯光，在空气中的发散方式是不一样的，例如手电筒、壁灯和台灯等灯光发散效果，都可以通过不同的IES文件来模拟。

在Cinema 4D中执行"窗口>内容浏览器>查找"菜单命令或按组合键Shift+F8，然后在"包含"后的文本框中输入IES，如图3-162所示，即可在其中看到相关的IES文件并予以使用。注意，如果读者所见的对话框中没有图中所示的内容，那么需要下载并安装相关预置文件。

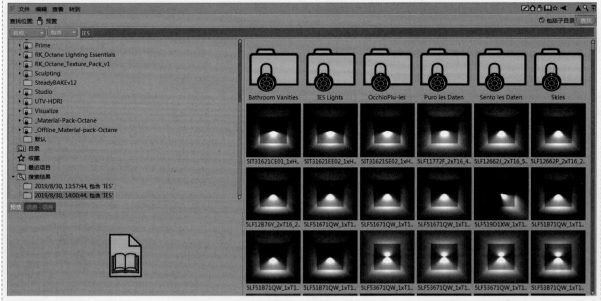

图3-162

那么如何在Octane中使用IES灯光呢？在"Octane 灯光标签"参数面板中单击"Octane IES灯光"图标，然后在"分配"后加载"图像纹理"文件，如图3-163所示，接着为"图像纹理"加载IES灯光文件，如图3-164所示。渲染效果如图3-165所示。

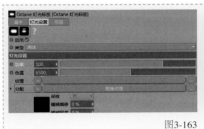
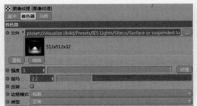

图3-163　　　　　　　　　　图3-164　　　　　　　　　　图3-165

实例：使用区域光制作细节照明

场景文件　场景文件>CH03>04>04.c4d

实例文件　实例文件>CH03>实例：使用区域光制作细节照明>实例：使用区域光制作细节照明.c4d

教学视频　实例：使用区域光制作细节照明.mp4

学习目标　掌握区域光的照明方法

区域光的照明效果如图3-166所示。

01 打开"场景文件>CH03>04>04.c4d"文件，如图3-167所示。实时渲染效果如图3-168所示。此时场景中只有模型、材质和摄像机。

图3-166　　　　　　　　　　图3-167　　　　　　　　　　图3-168

02 加载渲染预设 单击OctaneLV中的"设置"图标 ⚙，打开"Octane 设置"对话框，然后执行"预设>utvc4d"菜单命令，将"路径追踪"模式的渲染预设设置为当前场景的渲染参数，渲染参数如图3-169所示。

03 创建区域光 单击"Octane 区域光"图标 ▢，或者在OctaneLV中执行"对象>Octane 区域光"菜单命令，在场景中创建一个区域光，如图3-170所示。

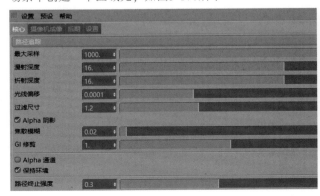
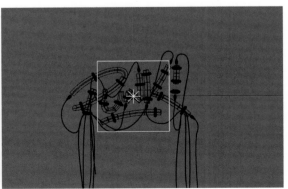

图3-169　　　　　　　　　　　　　　　　　　　图3-170

04 **确认主光源** 观察实时渲染效果。可从两个方面来寻找主光源的位置：首先，背景为橘黄色，上部分为黄色，那么就表示黄色的亮度高于橘黄色；其次，从LOGO的反射中可以看出，每个字母的上方都会出现反射，所以光源应在正上方。选择"对象"面板中的"OctaneLight"对象，然后在"坐标"选项卡中设置"R.P"为-90°，如图3-171所示。接着在"细节"选项卡中设置"水平尺寸"为511.76cm，如图3-172所示。调整后的灯光位置如图3-173所示。实时渲染效果如图3-174所示。

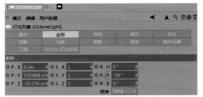

图3-171

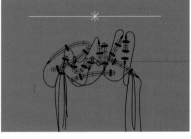

图3-172

图3-173

图3-174

05 从渲染效果中可以看出，此时的灯光太亮，将"功率"从默认的100降低为10，如图3-175所示。实时渲染效果如图3-176所示。

图3-175

图3-176

06 **确认辅助光源** 此时，对象正上方的反射效果呈现出来了，但两侧却没有任何的反射效果，所以需要将主光源复制两个，分别放在对象的左右侧，作为辅助光源。左侧灯光的位置参数和视图位置如图3-177和图3-178所示，右侧灯光的位置参数和视图位置如图3-179和图3-180所示。实时渲染效果如图3-181所示。

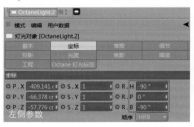

图3-177

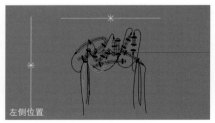

图3-178

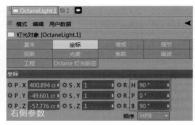

图3-179

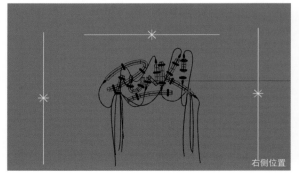

图3-180

图3-181

07 此时可以看出左右两侧和顶部的反射效果一致，整个空间没有做到突出主体。可以考虑降低两侧的灯光亮度，将它们作为辅助光源使用。将两侧灯光的"功率"降低为3，如图3-182所示。实时渲染效果如图3-183所示。

图3-182

图3-183

技巧提示 如果辅助光源功率等于主光源的功率，那么主体在上下左右方向的反射和亮度都是相同的，没有任何细节。布光的目的是为了烘托出层次感，所以一定要注意主辅之间的关系。

08 渲染与后期 渲染输出的操作方法与前面相同，这里就不再赘述了，读者可以参见前面的案例。将渲染图片导入Photoshop中，如图3-184所示。

09 按组合键Ctrl+J复制"背景"图层并得到"图层1"，如图3-185所示。

图3-184

图3-185

10 选择"背景"图层，按组合键Ctrl+L打开"色阶"对话框，然后调整暗部为30，如图3-186所示；选择"图层1"图层，同样按组合键Ctrl+L打开"色阶"对话框，调整亮部为240，如图3-187所示。

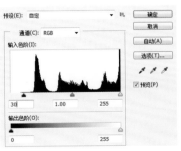

图3-186

图3-187

11 选择"图层1"图层，设置图层混合模式为"柔光"，如图3-188所示。为"图层1"添加一个图层蒙版，然后为其添加一个从上到下的黑白渐变，如图3-189和图3-190所示。

图3-188

图3-189

图3-190

12 将"场景文件>CH03>实例：使用区域光制作细节照明>素材.jpg"文件导入Photoshop中，然后设置图层混合模式为"滤色"，如图3-191所示。最终效果如图3-192所示。

图3-191

图3-192

3.4 自发光对象

自发光对象通常指黑体、纹理发光，原理上是通过基于漫射材质中的"发光"选项产生的光照信息来设置强度、温度和画面等，因此这里将其作为光照对象来介绍。自发光对象多用于制作自身可以发光的对象，例如荧光棒、投影仪和电视屏幕等。

3.4.1 创建黑体发光

01 在OctaneLV中执行"材质>Octane 漫射材质"菜单命令，创建一个漫射材质球，如图3-193所示。

02 双击材质球，在材质编辑器中取消勾选"漫射"选项，勾选"发光"选项，然后单击"黑体发光"按钮，如图3-194所示。

03 这样就创建好了自发光材质，将材质球拖曳到模型上即可让模型成为自发光对象。单击白色色块，进入"黑体发光"的参数面板，如图3-195所示。

图3-193

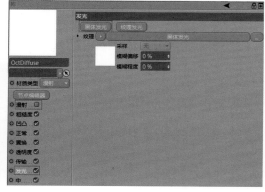

图3-194

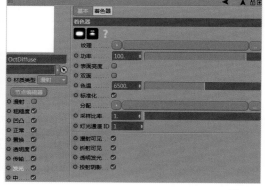

图3-195

3.4.2 黑体发光的颜色

为"分配"加载C4doctane中的"RGB颜色"，可以修改自发光材质的颜色，如图3-196所示。例如这里将默认的白色更改为紫色，如图3-197所示。效果如图3-198和图3-199所示。

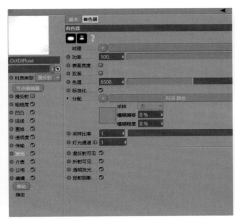

默认白色

紫色

图3-196   图3-197   图3-199

3.4.3 纹理发光

　　"纹理发光"的创建方法与"黑体发光"相同，这里就不再赘述了。"纹理发光"需要在"纹理"中使用"图像纹理"加载纹理图片，才能产生照明效果，如图3-200和图3-201所示。

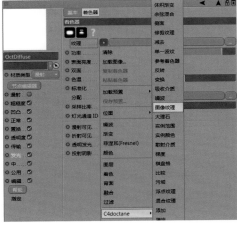

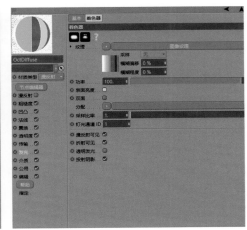

图3-200   图3-201

　　注意，使用"纹理发光"时需要降低"功率"数值，且勾选"表面亮度"选项，避免产生灯光"爆发"的效果，如图3-202所示。测试效果如图3-203和图3-204所示。

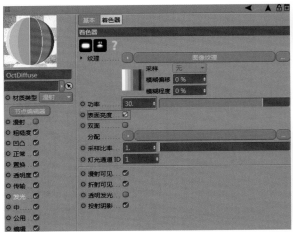

功率=30 不勾选表面亮度

图3-203

功率=30 勾选表面亮度

图3-202   图3-204

实例：制作自发光创意效果

场景文件	场景文件>CH03>05>05.c4d
实例文件	实例文件>CH03>实例：制作自发光创意效果>实例：制作自发光创意效果.c4d
教学视频	实例：制作自发光创意效果.mp4
学习目标	掌握自发光照明系统的设置方法

自发光对象是比较简单的一种灯光对象，在场景中只需要创建好自发光材质球，然后将其指定给需要发光的模型即可。本实例的最终效果如图3-205所示。

01 打开"场景文件>CH03>05>05.c4d"文件，如图3-206所示。实时渲染效果如图3-207所示，此时场景中没有光源。

图3-205　　　　　　　　　　图3-206　　　　　　　　　　图3-207

02 加载渲染预设 单击OctaneLV中的"设置"图标⚙，打开"Octane 设置"对话框，然后执行"预设>utvc4d"菜单命令，将"路径追踪"模式的渲染预设设置为当前场景的渲染参数，渲染参数如图3-208所示。

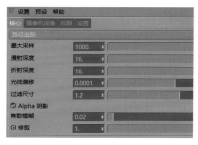

图3-208

03 创建自发光材质 在OctaneLV中执行"对象>Octane漫射材质"菜单命令，创建一个漫射材质球。双击材质球，单击"纹理发光"按钮，然后为"纹理"加载"图像纹理"文件，如图3-209所示；加载纹理图片，并勾选"表面亮度"选项，取消勾选"漫射"选项，如图3-210所示。将材质球拖曳到电视机的屏幕上，实时渲染效果如图3-211所示。

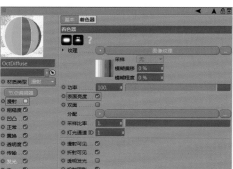

图3-209　　　　　　　　　　图3-210　　　　　　　　　　图3-211

04 **创建地面发光体材质** 用同样的方法再创建一个"Octane 漫射材质",然后单击"黑体发光"按钮,在"分配"中加载"RGB颜色",如图3-212所示。然后设置颜色为淡蓝色(读者可以根据需求自行设置颜色),并勾选"表面亮度"选项,注意此时"漫射"选项应为未勾选状态,如图3-213所示。将材质球拖曳到地面发光体上,实时渲染效果如图3-214所示。

图3-212

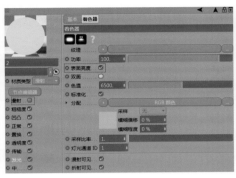

图3-213

图3-214

05 **增加场景照明** 此时画面的亮度不够,电视机边缘没有高光,需要在左右两侧添加"黑体发光"材质,让整体画面更加丰富。在场景中的电视机两侧创建两个平面,如图3-215和图3-216所示。

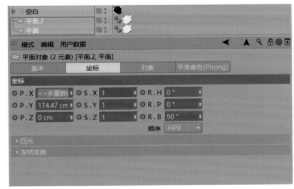

图3-215

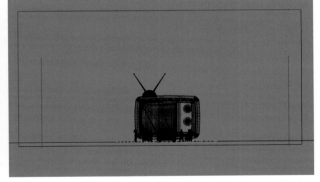

图3-216

06 将步骤04创建的"黑体发光"材质复制一个,然后将其拖曳到两个平面上,让它们成为光源,如图3-217所示。

07 双击"黑体发光"材质球,然后勾选"双面"选项,并设置"功率"为200,如图3-218所示。实时渲染效果如图3-219所示。

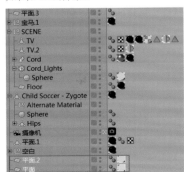

图3-217

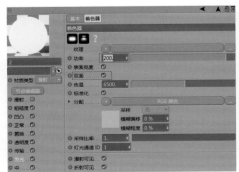

图3-218

图3-219

08 **制作辉光效果** 同样，为了让画面效果更炫彩，这里要设置辉光效果。具体参数设置如图3-220所示。实时渲染效果如图3-221所示。

09 **渲染与后期** 渲染最终图片，然后将其导入Photoshop中，如图3-222所示。

图3-220   图3-221   图3-222

10 在"图层"面板中为图片分别添加"色彩平衡1"和"色阶1"调整图层，如图3-223所示。

11 选择"色彩平衡1"图层，在"属性"面板中分别设置"中间调""阴影""高光"的参数，调整画面的色调，具体参数设置如图3-224~图3-226所示。实时渲染效果如图3-227所示。

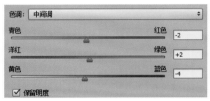

图3-223   图3-224

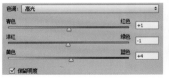

图3-225   图3-226

图3-227

12 选择"色阶1"图层，调整画面的层次感，具体参数设置如图3-228所示。实时渲染效果如图3-229所示。

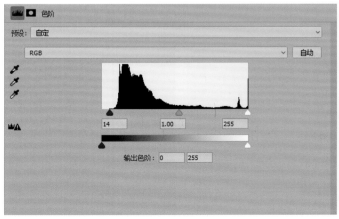

图3-228   图3-229

实例：制作迷雾森林灯光效果

场景文件	场景文件>CH03>06>06.c4d
实例文件	实例文件>CH03>实例：制作迷雾森林灯光效果>实例：制作迷雾森林灯光效果.c4d
教学视频	实例：制作迷雾森林灯光效果.mp4
学习目标	掌握迷雾效果的创建方法

迷雾森林灯光效果如图3-230所示。

图3-230

技巧提示 为了让读者能够熟练掌握相关技术，本书安排了额外的实例供读者练习。请读者观察效果，并根据自己的理解进行制作。如果在制作过程中有不知如何操作的地方，请观看教学视频。

实例：制作石雕展示灯光效果

场景文件	场景文件>CH03>07>07.c4d
实例文件	实例文件>CH03>实例：制作石雕展示灯光效果>实例：制作石雕展示灯光效果.c4d
教学视频	实例：制作石雕展示灯光效果.mp4
学习目标	掌握冷暖区域布光方法

石雕展示灯光效果如图3-231所示。

图3-231

实例：制作废旧环境灯光效果

场景文件 　场景文件>CH03>08>08.c4d

实例文件 　实例文件>CH03>实例：制作废旧环境灯光效果>实例：制作废旧环境灯光效果.c4d

教学视频 　实例：制作废旧环境灯光效果.mp4

学习目标 　掌握写实灯光的布光方法

废旧环境灯光效果如图3-232所示。

图3-232

第4章 Octane材质系统

■ 学习目的

　　材质是渲染器的核心知识之一，本章主要介绍 Octane 材质系统的主要材质。这些材质适用于大多数 Cinema 4D 的设计领域。本章内容的难度不大，但是请读者能掌握相关材质参数的设置原理，便于后期的学习。

■ 主要内容

· Octane漫射材质	· Octane透明材质	· 漫射通道	· 凹凸通道	· 透明度通道
· Octane光泽材质	· Octane混合材质	· 粗糙度通道	· 置换通道	· 反射通道

4.1 Octane漫射材质

漫射材质是所有类型中比较简单的材质。当光线照射到对象表面时，无论光线射入的角度如何，都会被反射到不同的方向。在自然界中其实没有真正意义上的光滑表面，对象多少都带一点粗糙的性质。当光线照射到粗糙表面时，反射是随机的，无论从任何角度进行观察，反射都相同。漫射示意图如图4-1所示。

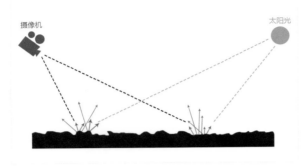

图4-1

创建漫射材质的两种方法。

第1种： 在OctaneLV中执行"材质>Octane 漫射材质"菜单命令，如图4-2所示。

第2种： 在Cinema 4D材质面板中执行"创建>着色器>C4doctane>Octane 材质"菜单命令，如图4-3所示。双击材质面板中的材质球，可以打开材质编辑器，如图4-4所示。

图4-2

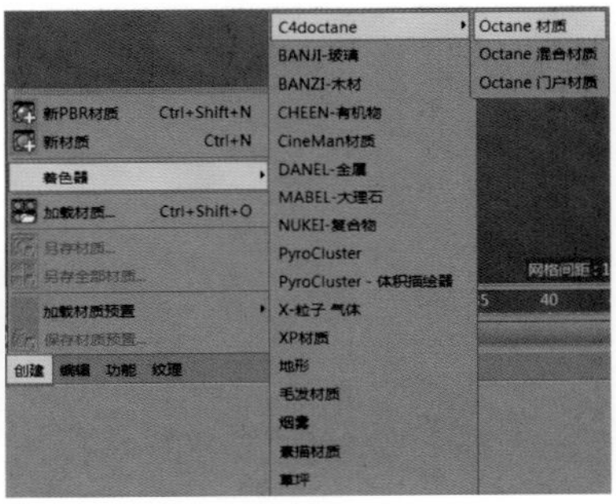

图4-3

图4-4

4.1.1 材质类型

在"材质类型"中可以选择材质的基本类型，包含"漫射""光泽度""镜面"，如图4-5所示。

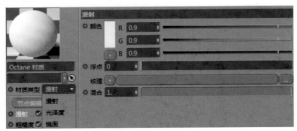

图4-5

技巧提示 本节主要介绍"漫射"材质类型，其他两种类型在后续的内容中进行介绍。

4.1.2 节点编辑器

节点编辑器替代了传统的层级材质编辑方式，可以更好地通过节点对材质进行关系链接。也就是说，无论材质有多么复杂，只要使用了节点，都可以使材质编辑变得非常清晰明了。参数面板如图4-6所示。

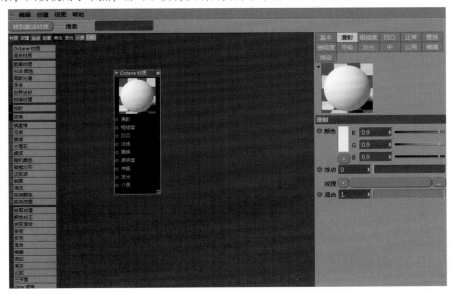

图4-6

技巧提示 节点编辑器非常重要，在第5章会介绍材质的节点编辑方式。

4.1.3 漫射通道

"漫射"通道中的参数主要用于改变材质的颜色，读者也可以使用程序纹理或图像纹理来处理材质。参数面板如图4-7所示。

图4-7

1.颜色

使用"颜色"后的色块可以直接设置"漫射"的颜色，如图4-8所示。

图4-8

2.浮点

"浮点"主要用于创建一个灰度值。当R/G/B均为0(黑色) 时，设置"浮点"为0，那么颜色就是黑色；设置"浮点"为1，那么颜色就是白色。上述原理适用于"粗糙度""凹凸""正常""透明度""传输"通道。在现实世界中，并没有完全黑/白的材料，如果要在黑色和白色之间创建颜色，建议使用"浮点"调节，例如设置R/G/B均为0，设置"浮点"为0.5，那么此时材质的颜色就是黑色与白色之间的灰色，如图4-9所示。

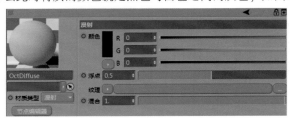

图4-9

3.纹理

在"纹理"中可以使用"图像纹理"为纹理对象，这些纹理可以是任何图像纹理和程序纹理类型。例如为"漫射"通道加载木纹纹理贴图，如图4-10所示。效果如图4-11所示。

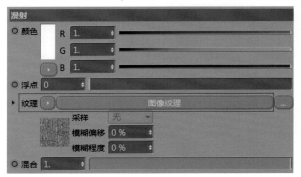

图4-10 图4-11

> **技巧提示** 切记，不可以直接将贴图拖曳到纹理上，一定要使用"图像纹理"来载入贴图，以方便UV投射。

4.混合

使用"混合"可以让"颜色"影响"纹理"，产生一种类似叠加的效果。当"混合"为0时，材质表现为"颜色"的效果，如图4-12所示；当"混合"为1时，材质表现为"纹理"的效果，如图4-13所示；当"混合"为0.5时，材质的"颜色"与"纹理"混合显示各一半，如图4-14所示。

图4-12 图4-13 图4-14

4.1.4 粗糙度通道

"粗糙度"通道中的参数主要用于控制镜面高光和反射在表面的分布情况，通常会使用"浮点"或黑白纹理来进行设置。光泽材质的"粗糙度"测试效果如图4-15和图4-16所示。如果使用"纹理"来控制，则如图4-17所示，表面的光泽效果与贴图纹理一致。

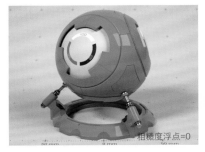

粗糙度浮点=0 图4-15

粗糙度浮点=0.1 图4-16

技巧提示 通过测试，可以得出一个结论：在"粗糙度"通道中，使用"浮点"可以获得表面磨砂效果；使用"纹理"可以获得局部镜面或磨砂，材质细节会体现得更加丰富。

纹理/浮点=0 图4-17

4.1.5 凹凸通道

使用"凹凸"通道可以在材质表面模拟出凹凸的效果，通常使用黑白贴图或灰度图来设置。读者要理解"凹凸"通道实际上是创建虚假粗糙的表面，它并不是真正意义上的凹凸。这里以"纹理"为例，如图4-18所示。测试效果如图4-19和图4-20所示。

混合=0 图4-18

未添加纹理贴图 图4-19

添加纹理贴图 图4-20

技术专题： 如何将"凹凸"通道的RGB模式转换为灰度模式

注意，"凹凸"通道中的图像纹理贴图不可以使用RGB模式的图片，只能使用黑白图。如果使用了RGB模式的图片，如图4-21所示，那么一定要将其转换为黑白图。

在"类型"中选择"浮点"选项，如图4-22所示，即可将图片转换为灰度模式，如图4-23所示。

图4-21

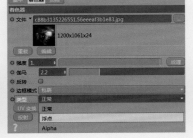

图4-22

图4-23

4.1.6 正常通道

"正常"通道也可以翻译为"法线"通道。使用法线纹理贴图能够在模型表面模拟出详细的凹凸痕迹，法线表现的表面细节会强于"凹凸"通道。以图4-24所示的图像纹理为例，测试效果如图4-25和图4-26所示。

图4-24

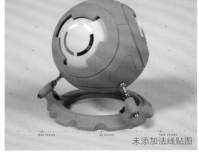

未添加法线贴图 图4-25

添加法线贴图 图4-26

4.1.7 置换通道

"置换"通道中使用的是黑白图像，主要用于在模型表面创建真实的凹凸效果，且可以改变模型的表面结构。与"凹凸"和"法线"通道不同，"置换"通道对贴图的质量有一定的要求，即质量越高，"置换"产生的效果越细致。

勾选"置换"选项，然后单击"添加置换"按钮，进入"置换"通道参数面板，如图4-27~图4-29所示。

图4-27

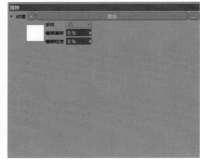

图4-28

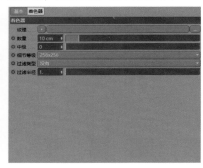

图4-29

1.纹理

在"纹理"中使用C4doctane中的"图像纹理"可以加载纹理图像，如图4-30和图4-31所示。

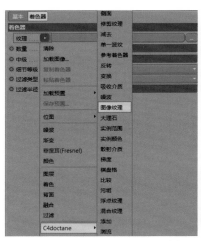

图4-30

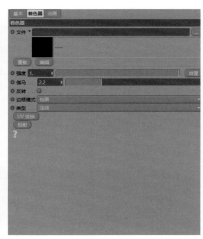

图4-31

2.数量

使用"数量"可以调整位移的高度值。测试效果如图4-32和图4-33所示。另外，读者可以使用"中级"定义位移的起点。

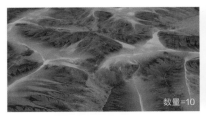
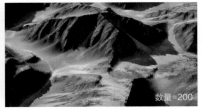

图4-32 图4-33

3.细节等级

使用"细节等级"可以定义贴图的质量，通常根据位图自身的分辨率大小进行调整。分辨率越高，细节就会越好，但GPU的显存也会占据越多，渲染时间会增加。测试效果如图4-34和图4-35所示。

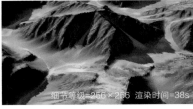
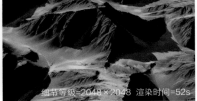

图4-34 图4-35

4.过滤类型

使用"过滤类型"可以调整柔软度。可使用"盒子"或"高斯算法"来产生轻微的柔软感，并使用"半径"设置合适的柔软度。该参数可以让置换的边缘更平滑，同时对消除锯齿有一定的作用。测试效果如图4-36和图4-37所示。

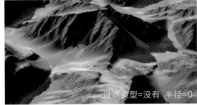
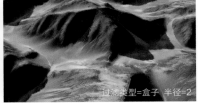

图4-36 图4-37

4.1.8 透明度通道

使用"透明度"通道可以设置对象的透明度，读者可以将其理解为Alpha通道。注意，这里只能使用黑白贴图。黑色使对象透明，白色使对象不透明，即"黑透、白不透"的效果。如果贴图中有在黑色和白色之间的颜色，那么这部分会变成半透明。以图4-38所示的黑白贴图为例，测试效果如图4-39和图4-40所示。

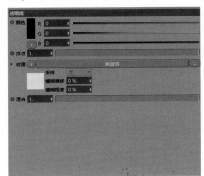
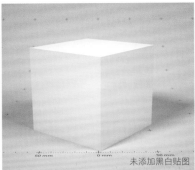
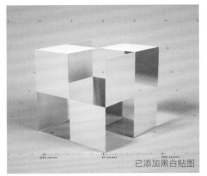

图4-38 图4-39 图4-40

4.1.9 传输通道

使用"传输"通道可以模拟半透明效果，例如纸张、树叶、透明塑料和织布等。在"漫射"材质类型中，此通道可以创建虚假的SSS材质。其中，黑色表示不透光，其他颜色表示透光，参数面板如图4-41所示。测试效果如图4-42和图4-43所示。

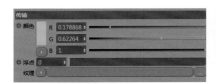

图4-41

黑色

图4-42

蓝色

图4-43

> **技巧提示** "发光"通道主要用于将场景中的任何模型转换为光源，分为"黑体发光"和"纹理发光"两种类型，此通道在第3章中已经介绍过。
>
> "中"通道主要用于创建复杂的半透明材料，例如蜡烛、皮肤、皮革和牛奶等。它是真实的SSS材质，通常会用在透明材质中，所以在后面进行详细介绍。

4.1.10 公用通道

下面分别介绍"公用"通道中的重要参数。

1.蒙版

"蒙版"又被称为"阴影捕手"，主要用于实景合成，可以非常有效地将物体的阴影捕捉到实景中，下面举例说明具体的操作方法。

第1步： 打开"练习文件>CH04>4.1.10公用>工程文件.c4d"文件，如图4-44所示。

第2步： 创建一个平面，为平面指定材质，并勾选"公用"通道中的"蒙版"选项，如图4-45所示。

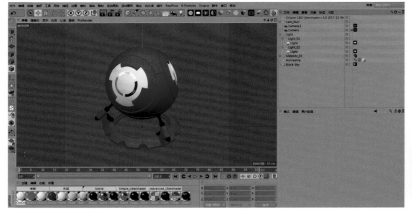

图4-44

图4-45

第3步： 在OctaneLV中执行"对象>Octane HDRI环境"菜单命令，创建一个HDRI环境，然后在"纹理"中使用"图像纹理"加载一张环境贴图，并设置"类型"为"可见环境"，如图4-46所示。测试效果如图4-47和图4-48所示。

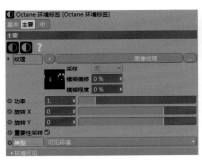

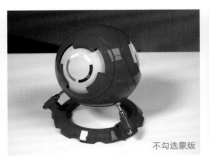
图4-47

图4-48

图4-46　　　　　　　　　　　　　图4-47　　　　　　　　　　　　图4-48

> **技巧提示** 通过上例可以看出，勾选"公用"通道中的"蒙版"选项后，Octane会自动屏蔽平面，但会保留模型阴影并投射到HDRI环境中。

2.平滑

使用"平滑"可以让对象表面平滑。如果不勾选该选项，对象表面的多边形之间的边缘会变得非常锐利。测试效果如图4-49和图4-50所示。该参数默认为勾选状态。

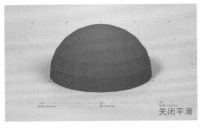
关闭平滑

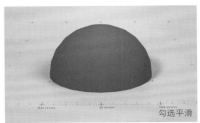
勾选平滑

图4-49　　　　　　　　　　　　　图4-50

> **技巧提示** "影响Alpha"参数通常用于"光泽度"材质类型，主要用于显示材质的折射部分，但前提是要在Octane的"核心"中设置激活"Alpha通道"。本书将在光泽材质中详细介绍该参数。

3.圆滑边缘

使用"圆滑边缘"可以让模型边缘在渲染时自动产生倒角效果。也就是说，不需要手动对模型进行倒角处理。所以此参数是非常有用的（前提是模型本身要有足够的分段）。测试效果如图4-51和图4-52所示。

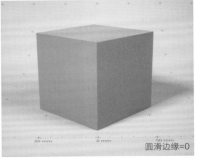
圆滑边缘=0

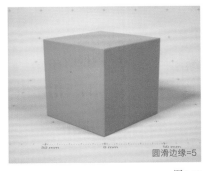
圆滑边缘=5

图4-51　　　　　　　　　　　　　图4-52

4.C4D着色器

使用"C4D着色器"可以调整纹理贴图的渲染质量。建议"C4D着色器"和"顶点贴图分辨率"参数均使用默认值，如图4-53所示。

> **技巧提示** 读者还可以在"Octane 设置"对话框的"C4D 着色器"选项卡中设置所有贴图的分辨率，如图4-54所示。

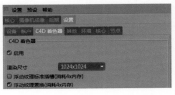
图4-54

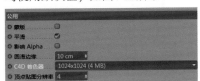
图4-53

4.1.11 编辑通道

"编辑"通道主要用于设置场景中材质的显示状态，可以对场景进行优化，参数面板如图4-55所示。

使用"预览动画"可以控制是否在实时预览中看见动画材质。

图4-55

使用"纹理预览尺寸"可以实时预览纹理材质的清晰度。值越高，更新速度越慢，但不会影响到最终渲染效果，如图4-56所示。

> **技巧提示** 使用"指定"通道可以查看当前材质指定在哪些模型上。至于剩下的其他通道，保持默认即可。

128×128 模糊/速度快　　　2048×2048 清晰/速度慢

图4-56

4.2 Octane光泽材质

Octane光泽（光泽度）材质主要用于模拟具有反射特性的物体表面，例如金属、树叶、塑料、瓷器和锡纸等。当光线照射到物体表面时，光的反射角等于入射角，不像漫反射那样向任意的方向扩散，如图4-57所示。

Octane光泽材质的创建方法与Octane漫射材质相同，参数面板中的很多参数和原理也相同。因此，本节主要介绍光泽材质独有的材质参数。参数面板如图4-58所示。

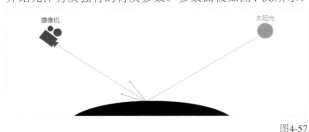

图4-57

图4-58

4.2.1 镜面通道

使用"镜面"(部分版本翻译为"高光")通道可以调整材质表面的反射信息。参数面板如图4-59所示。

图4-59

1.颜色

使用"颜色"可以改变反射的色彩，默认颜色为黑色，表示反射效果中不产生任何颜色信息，即反射的结果为白色。将颜色调整为黄色，如图4-60所示。前后对比效果如图4-61和图4-62所示。

图4-60

图4-61

图4-62

2.浮点

使用"浮点"可以控制反射效果的明显度，参数面板如图4-63所示。当"浮点"为0时，表面不会产生任何反射效果。测试效果如图4-64和图4-65所示。

图4-63

图4-64

图4-65

> **技巧提示** 关于"纹理"与"混合"，在"Octane 漫射材质"中已经详细介绍过了。

4.2.2 薄膜宽度/薄膜指数通道

使用这两个通道可以模拟材质表面五彩斑斓的效果，例如肥皂泡、摄像机镜片等效果。参数面板如图4-66和图4-67所示。

图4-66

图4-67

1.薄膜宽度

使用"薄膜宽度"可以控制材质表面的彩虹色，可通过"颜色"自定义色彩，也可通过调整"浮点"的大小得到效果。以图4-68所示的参数为例，测试效果如图4-69和图4-70所示。

图4-68

图4-69

图4-70

2.薄膜指数

使用"薄膜指数"可以控制薄膜的明显度。值越小，薄膜的颜色越明显。测试效果如图4-71和图4-72所示。

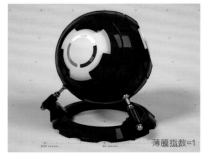

薄膜指数=1.45 　　薄膜指数=1

图4-71　　　　　　　图4-72

4.2.3 索引通道

使用"索引"（部分版本翻译为"折射率"）通道可以控制表面的反射强度，参数面板如图4-73所示。当"索引"等于1时，表面呈现全面反射，即镜面金属效果；当"索引"大于1时，反射越来越强，并产生菲涅耳效应。测试效果如图4-74所示。

索引=1　　　索引=1.5　　　索引=3

图4-73　　　　　　　　　　　图4-74

4.3 Octane透明材质

Octane透明（镜面）材质（部分版本翻译为"高光材质"）主要用于模拟透明的物体，例如玻璃、河水和硅胶等。当光线照射到物体表面时，会有反射、吸收和折射3种情况同时存在。由于折射的存在，光线路径会产生弯曲，如图4-75所示。注意，因为折射会改变光线的偏折大小，所以使用透明材质时，渲染速度会大幅度降低。Octane透明材质的独有参数如图4-76所示。

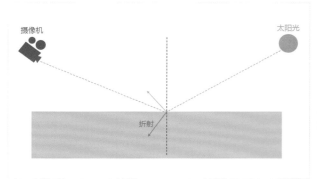

图4-75　　　　　　　　　　　　图4-76

4.3.1 反射通道

使用"反射"通道可以控制镜面的反射强度，同时让表面具有透射性。参数面板如图4-77所示。

图4-77

1.颜色

使用"颜色"可以改变反射色彩，默认颜色为黑色，表示不产生任何颜色信息，即反射的结果为白色。这里将"颜色"设置为紫色，如图4-78所示。对比效果如图4-79和图4-80所示。

图4-78

图4-79

图4-80

2.浮点

同样，使用"浮点"可以调整反射的明显度。测试效果如图4-81和图4-82所示。

技巧提示 注意，当"浮点"为0时，玻璃表面的反射信息就会丢失。另外，"纹理"和"混合"参数与"Octane 漫射材质"中的原理相同。

图4-81

图4-82

4.3.2 色散通道

使用"色散"通道可以制作灯光照射到材质表面时，材质产生的色彩分离效果，参数面板如图4-83所示。测试效果如图4-84和图4-85所示。

图4-83

图4-84

图4-85

4.3.3 索引通道

使用"索引"(部分版本翻译为"折射率") 通道可以控制光线在材质中传输的速度。速度越慢，偏折效果越大；速度越快，偏折效果越小。因此，它的意义与"Octane 光泽材质"中的"索引"是不同的，它表示折射强度，例如水的折射率约为1.333，这就代表着光在真空中的传播速度大约是水中的1.333倍。常用材质的折射率如表4-1所示，参数面板如图4-86所示，读者根据常用材质的折射率来设置"索引"即可。测试效果如图4-87和图4-88所示。

表4-1

物质	折射率	物质	折射率
水	1.3330	宝石	1.7700
空气	1.0003	甘油	1.4730
冰	1.3090	水晶	2.0000
酒精	1.3600	银	2.7110
玻璃	1.5000	钻石	2.4170
翡翠	1.5700		

图4-86   图4-87

图4-88

技巧提示 当"索引"为1时，表示材质是空气，光在其中的传播速度可以视为与在真空中的传播速度相同，那么吸管在水中的偏折效果就较小；当"索引"为1.333时，表示材质为水，光在真空中的传播速度是在水中的1.333倍，在当前材质中光的传播速度变慢了，那么吸管在水中的偏折效果就会变大。

4.3.4 传输通道

使用"传输"通道可以控制光线通过透明对象的方式，参数面板如图4-89所示。

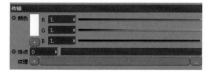

图4-89

1.颜色

使用"颜色"可以改变透明对象本身的色彩信息。例如这里将其修改为绿色，如图4-90所示。对比效果如图4-91和图4-92所示。

图4-90

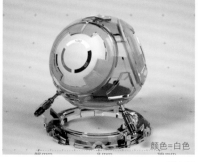

图4-91

图4-92

2.浮点

当"颜色"为黑色时，可以使用"浮点"来控制对象的透光性。测试效果如图4-93所示。

技巧提示 注意，"浮点"只有在"颜色"为黑色的情况下才能控制对象的透光性。如果在"颜色"不为黑色的情况下使用"浮点"，那么"浮点"将不起作用。

浮点=0.001　　　　浮点=0.5　　　　浮点=1

图4-93

3.纹理

在"纹理"中可以使用"图像纹理"加载黑白纹理贴图，控制光线穿透的细节。白色产生透明，黑色不产生透明，同时支持彩色纹理。这里以图4-94所示的"纹理"参数为例，测试效果如图4-95和图4-96所示。

未添加纹理贴图

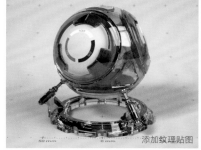

添加纹理贴图

图4-94　　　　　　　　　　图4-95　　　　　　　　　　图4-96

技巧提示 在"纹理"中添加贴图后，"颜色"与"浮点"都不会起作用。

4.3.5 中通道

"中"(部分版本翻译为"介质")通道包含"吸收介质"和"散射介质"两种方式，主要用于模拟复杂的半透明材质。当光线进入介质后，会产生吸收或散射现象。

1.吸收介质

当光线射入半透明的物体或介质时，光会携带一种能量并将其转移到该介质上，射入的光线也将转化成热能而损失掉，这个过程就叫作吸收。例如光线射入指定颜色(红色)的物体表面后，物体最终所呈现出的颜色并不是红色，而是会产生一种互补色。图4-97所示的效果为当介质吸收红色时的情况。

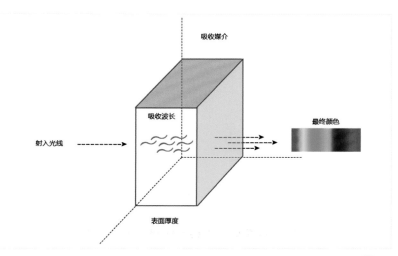

图4-97

在"中"通道中单击"吸收介质"按钮，如图4-98所示，即可进入"吸收介质"的参数面板，如图4-99和图4-100所示。

图4-98

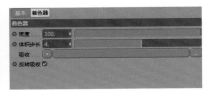

图4-99

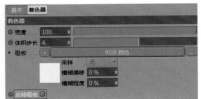

图4-100

下面介绍介质颜色的设置方法。

在"吸收"后执行"C4doctane>RGB颜色"菜单命令，并取消勾选"反转吸收"选项，如图4-101和图4-102所示。测试效果如图4-103所示。

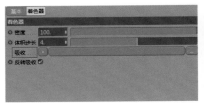

图4-101

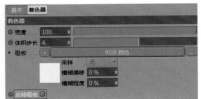

图4-102

H=110 S=100 V=100   H=40 S=100 V=100   H=240 S=100 V=100

图4-103

技巧提示 介质的"RGB颜色"为绿、黄、蓝，但最后呈现的并非设定的颜色，而是其互补色，这就是"吸收介质"的物理规律。互补色轮示意图如图4-104所示。

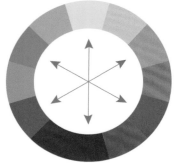

图4-104

技术专题: 如何理解吸收介质的参数

密度:密度可以看作介质中粒子的数量。如果没有粒子,就没有吸收或散射。数值越大,吸收就会越大,物体表面就会越暗。测试效果如图4-105和图4-106所示。另外,当"密度"很大时,光线射入模型后,模型薄的地方越透,厚的地方越不透。

密度=10

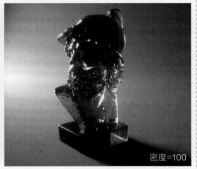
密度=100

图4-105   图4-106

体积步长:该属性需要根据表面进行调整,默认值为4。建议读者的参数尽量不要大于此值,否则会导致渲染时间过长。

吸收:读者可以使用纹理贴图来设置吸收值。例如当"浮点纹理"的"浮点"为0(黑色)时,表示光线没有被吸收;当"浮点"为1(白色)时,表示光线被吸收;当"浮点"为0~1时,表示光线被部分吸收。测试效果如图4-107和图4-108所示。

浮点=0   浮点=1

图4-107   图4-108

反转吸收:勾选该选项,并使用"RGB颜色"节点设置颜色(红色)时,如图4-109所示,最终渲染显示的颜色同样为红色。测试效果如图4-110和图4-111所示。读者可以将其理解为设置成什么颜色,结果就呈现什么颜色。

图4-109

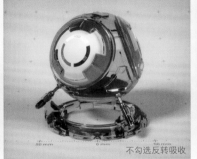
不勾选反转吸收

勾选反转吸收

图4-110   图4-111

2.散射介质

散射是指次表面散射。当光穿透半透明的表面时,会向不同的方向进行散射,然后又从表面的不同区域出来,这个过程被称为次表面散射,如图4-112所示。参数面板如图4-113~图4-115所示。

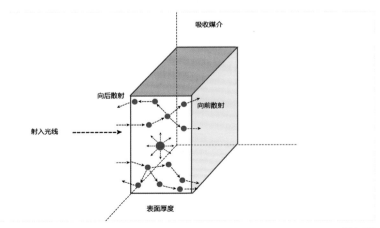

图4-112

图4-113 | 图4-114 | 图4-115

可以通过"散射"参数来控制散射的强度。散射强度越低，效果越不明显；散射强度如果比较高，则会出现半透明效果。

使用"浮点纹理"控制散射强度

当前的"吸收"参数中设置的是黄色，在"散射"中加载"浮点纹理"节点，如图4-116所示。测试效果如图4-117和图4-118所示。

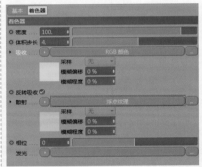

图4-116 | 图4-117 | 图4-118

对比测试效果，"浮点"为0意味着没有散射，只有吸收；大于0则表示散射开始发生。散射效果会随着"浮点"数值的增加而越来越明显，甚至出现次表面散射的效果，即SSS。另外，在制作SSS材质时可以增加一点"粗糙度"，例如0.01~0.1。

使用"RGB颜色"控制散射强度

在"散射"中加载"RGB颜色"节点，并设置图4-119所示的颜色（模仿大概颜色即可）。测试效果如图4-120所示。

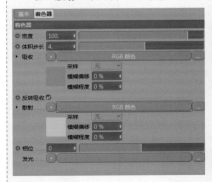

图4-119 | 图4-120

未添加颜色时，人物模型的帽檐与胡须出现黑色；添加颜色后，"RGB颜色"会散射到黑色区域，出现类似菲涅耳效应的效果。

因为散射光的方向是不同的，所以可以使用"相位"参数来确定散射的方向，例如向前散射或向后散射，即"各向同性散射"。测试效果如图4-121~图4-123所示。

图4-121　　　　　　　　　　　图4-122　　　　　　　　　　　图4-123

> **技巧提示** 注意观察人物模型的帽檐与胡须。参数为0表示光线散射前后方向相等；参数为-1表示光线从后面沿摄像机方向射出，所以帽檐会呈现出散射颜色；参数为1表示光线从前面，即向着摄像机射出，所以帽檐上的散射颜色为黑色。因此，通过"相位"选项，可以精准地找到散射介质在模型上的散布规律。

使用"发光"参数可以借助发光属性散射出的光，再一次由内至外发射，让介质原本的通透度与明亮度再一次提升，具体参数设置如图4-124和图4-125所示。测试效果如图4-126和图4-127所示。

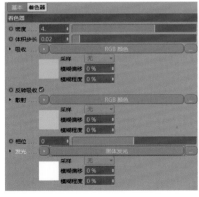

图4-124　　　　　　　　　　　图4-125

> **技巧提示** 未启用"黑体发光"时，冰山偏暗，没有通透明亮感；启用"黑体发光"后，冰山看上去有很强的通透明亮感。

图4-126　　　　　　　　　　　图4-127

4.4 Octane混合材质

在制作材质时，可以通过材质组合来降低复杂材质的制作难度，即使用Octane混合材质。例如将Octane漫射材质和Octane光泽材质混合成一种材质，让这种材质拥有两者的属性特点。参数面板如图4-128所示。

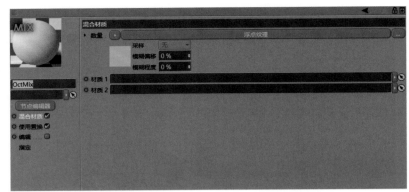

图4-128

4.4.1 混合材质通道

在"混合材质"通道中，包含3个重要的参数："数量""材质1""材质2"。因此，Octane混合材质只能混合两种材质，如图4-129所示。例如，将黑色和黄金材质分别拖曳到"材质1"和"材质2"中，即可得到两种材质的混合材质，如图4-130所示。

图4-129

图4-130

在"数量"参数中，"浮点纹理"是默认设置，主要用于控制两种材质的混合程度，如图4-131所示。在"浮点"参数中，0表示只包含"材质2"中的材质，1表示只包含"材质1"中的材质，0.5表示两种材质各占一半，如图4-132~图4-134所示。

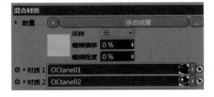

图4-131

图4-132

图4-133

图4-134

技术专题： 使用图像纹理和程序纹理来控制混合

　　读者还可以在"数量"中加载"图像纹理"或Octane程序纹理来控制混合效果，可以理解为两种材质的黑白混合，即使用黑白贴图产生类似图层遮罩的效果。

图像纹理

　　继续使用本节的两种材质，在"数量"中通过C4doctane中的"图像纹理"加载一张黑白贴图，如图4-135所示。混合结果如图4-136所示。

图4-135　　　　　　　　　　　　　　　　　　　　　　图4-136

Octane程序纹理

　　在"数量"中加载C4doctane中的"污垢"节点，将"材质1"改为黄金材质，将"材质2"改为绿色材质，如图4-137所示。"污垢"的参数设置如图4-138所示。测试效果如图4-139和图4-140所示。

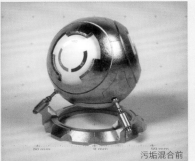
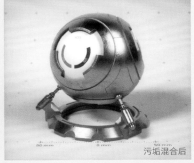

图4-137　　　　　　　　　　　　　　图4-139　　　　　　　　　　　　　　图4-140

图4-138

　　使用"污垢"可以在模型的凹凸边缘呈现黑白对比，也正是这个原因，材质球的凹凸边缘呈现出了绿色的材质信息。

4.4.2 使用置换通道

　　在"置换"通道中，可以在Octane混合材质中使用黑白图像或程序纹理设置置换效果。选择"使用置换"选项，然后单击"添加置换"按钮，如图4-141所示，Octane会在"置换"后加载"置换"节点，可以单击白色色块，如图4-142所示。

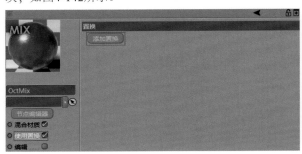
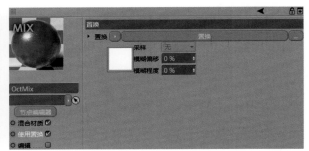

图4-141　　　　　　　　　　　　　　　　　　　　　　　　　图4-142

如果此时在"置换"通道的"纹理"中使用"图像纹理"加载一张黑白贴图，如图4-143所示，那么Octane会根据贴图进行置换。测试效果如图4-144和图4-145所示。

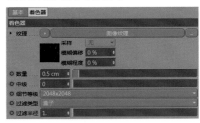

图4-143

图4-144

图4-145

技巧提示 至此，Octane中的主要材质已经介绍完毕，下面将通过实例来练习材质的制作方法。

实例：制作创意效果

场景文件　场景文件>CH04>01>01.c4d
实例文件　实例文件>CH04>实例：制作创意效果>实例：制作创意效果.c4d
教学视频　实例：制作创意效果.mp4
学习目标　掌握黑体发光材质的设置方法

实例最终效果如图4-146所示。本场景的灯光分为3种形式，分别为"环境光""蓝色黑体发光""黄色黑体发光"。其中，黑体发光只是用于辅助，环境光决定了整体场景的明暗程度。在材质方面，分为两种形式，即山体和立方体的纹理，它们都是以贴图的方式来完成的。

图4-146

01 打开"场景文件>CH04>01>01.c4d"文件，如图4-147所示。实时渲染效果如图4-148所示。

02 加载第2章中设置好的渲染预设，如图4-149和图4-150所示。

图4-147

图4-148

图4-149

图4-150

03 **创建环境照明** 在OctaneLV中执行"对象>Octane HDRI环境"菜单命令，为场景创建一个HDRI环境，然后在"纹理"中通过"图像纹理"加载"utv-004.hdr"贴图文件，对场景进行照明，如图4-151所示。实时渲染效果如图4-152所示。

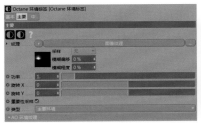
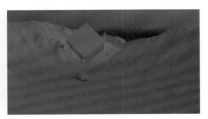

图4-151　　　　　　　　　　　　　　　　　　图4-152

04 本场景属于傍晚效果，应该制作背光效果，因此需要旋转HDRI环境的角度，即将HDRI环境中的太阳旋转到场景的背后来产生照明效果。设置"功率"为0.8、"旋转X"为0.326，如图4-153所示。实时渲染效果如图4-154所示。

图4-153　　　　　　　　　　　　　　　　　　图4-154

05 **创建黑体发光材质** 创建两个Octane漫射材质，选择其中一个材质球，然后取消勾选"漫射"选项，接着在"发光"通道中勾选"表面亮度"选项，在"分配"中添加"RGB颜色"节点，并将其设置为蓝色，如图4-155所示。用同样的方法设置另一个为黄色的黑体发光材质，如图4-156所示。将它们指定给场景中对应的模型，效果如图4-157所示。此处不需要在意颜色的具体值，取大概值即可。

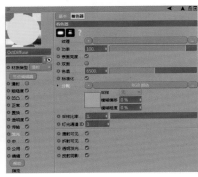

图4-155　　　　　　　　　　　　图4-156　　　　　　　　　　　　图4-157

06 **创建山体材质** 加载山体纹理贴图，创建一个漫射材质球，将对应的贴图添加到"漫射"通道上，具体参数设置如图4-158和图4-159所示。实时渲染效果如图4-160所示。

图4-158　　　　　　　　　　　　图4-159　　　　　　　　　　　　图4-160

07 创建正方体材质 创建一个Octane光泽度材质球，将对应的贴图添加到"漫射"通道上，具体参数设置如图4-161和图4-162所示。实时渲染效果如图4-163所示。

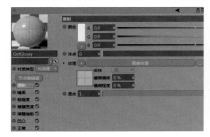
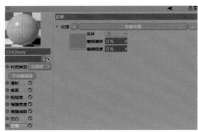

图4-161　　　　　　　　　　图4-162　　　　　　　　　　图4-163

08 此时可以发现立方体的纹理UV存在问题，进入材质的"标签"选项卡，设置"投射"为"立方体"，如图4-164所示。实时渲染效果如图4-165所示。

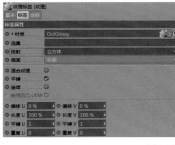

图4-164　　　　　　　　　　　　图4-165

09 添加辉光效果 在"Octane 设置"对话框的"后期"选项卡中勾选"启用"选项，设置"辉光强度"为30，在"摄像机成像"选项卡中设置"伽马"为2.5，如图4-166和图4-167所示。实时渲染效果如图4-168所示。

图4-166　　　　　　　　　图4-167　　　　　　　　　图4-168

10 渲染输出 按组合键Ctrl+B打开"渲染设置"对话框，设置"渲染器"为Octane Renderer，然后按组合键Shift+R渲染效果。渲染完成后，在"滤镜"选项卡中勾选"激活滤镜"选项，设置"饱和度"为10%、"亮度"为0%、"对比度"为20%，如图4-169所示。

图4-169

技巧提示 Photoshop后期调色在第3章的实例中已经介绍过多次，这里就不再赘述了。

实例：制作有色玻璃球材质

场景文件	场景文件>CH04>02>02.c4d
实例文件	实例文件>CH04>实例：制作有色玻璃球材质>实例：制作有色玻璃球材质.c4d
教学视频	实例：制作有色玻璃球材质.mp4
学习目标	掌握透明材质的制作方法

有色玻璃球材质的最终效果如图4-170所示。仔细观察玻璃球，在玻璃球的右上方有非常强的反射，因此可以明确主光的位置。在材质方面，分别为有色玻璃、木纹贴图和金属3种类型。

01 打开"场景文件>CH04>02>02.c4d"文件，视图效果和实时渲染效果如图4-171所示。

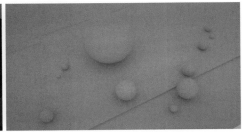

图4-170   图4-171

技巧提示 这里也需要加载渲染预设，如图4-172和图4-173所示。另外，本书所有实例都需要加载渲染预设，因为步骤完全相同，在后续的内容中将不再赘述，请读者不要忽略这一步。

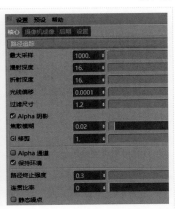

图4-172   图4-173

02 创建区域光源 在OctaneLV中执行"对象>Octane 区域光"菜单命令，创建一个区域光，如图4-174所示。

03 调整灯光的角度 选择"灯光对象"，然后在"坐标"选项卡中设置"R.H"为-130°、"R.P"为-37°，如图4-175和图4-176所示。接着在"细节"选项卡中设置"水平尺寸"为520cm、"垂直尺寸"为200cm，如图4-177所示。实时渲染效果如图4-178所示。

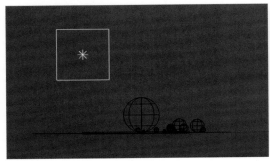
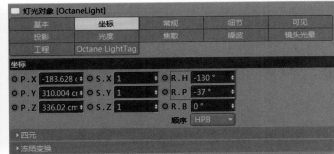

图4-174   图4-175

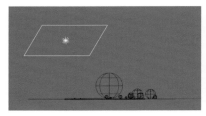

图4-176   图4-177   图4-178

04 调整照明亮度 此时可以看出渲染效果曝光严重，所以需要降低灯光亮度。选择"Octane 灯光标签"，然后在"灯光设置"选项卡中设置"功率"为10，如图4-179所示。实时渲染效果如图4-180所示。

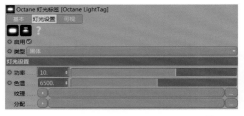

图4-179   图4-180

05 制作木纹材质 创建一个Octane光泽度材质球，将对应的木纹贴图添加到"漫射"通道中，具体参数设置如图4-181和图4-182所示。实时渲染效果如图4-183所示。

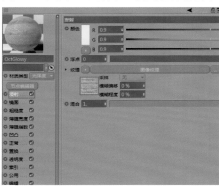

图4-181   图4-182   图4-183

06 制作有色玻璃球材质 创建一个Octane镜面材质球，将其指定给最大的球体模型，设置"粗糙度"的"浮点"为0.01，如图4-184所示。然后在"索引"通道中设置"索引"为1.7，如图4-185所示。在"传输"通道中设置"颜色"为蓝色，如图4-186所示。

图4-184   图4-185   图4-186

技巧提示 用同样的方法创建多个"Octane透明材质",然后分别在"传输"通道中设置为红、深蓝、淡蓝等颜色,并指定给不同的球体模型。实时渲染效果如图4-187所示。

图4-187

07 制作金属材质 创建一个Octane光泽度材质球,取消勾选"漫射"选项,在"镜面"通道中设置"颜色"为浅蓝,确定反射的颜色,如图4-188所示。然后在"粗糙度"通道中设置"浮点"为0.2,如图4-189所示。接着在"索引"通道中设置"索引"为1,表示全面反射,如图4-190所示。实时渲染效果如图4-191所示。

图4-188

图4-189

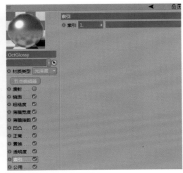

图4-190

图4-191

08 制作地面材质 创建一个Octane光泽度材质球,在"漫射"通道中设置"颜色"为灰蓝色,如图4-192所示。然后在"镜面"通道的"纹理"中使用"图像纹理"并加载一张黑白贴图,模拟地面纹理,如图4-193所示。接着在"索引"通道中设置"索引"为3.3,如图4-194所示。实时渲染效果如图4-195所示。

图4-192

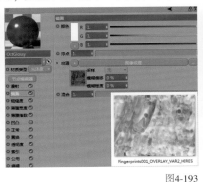

图4-193

图4-194

图4-195

技巧提示 在"镜面"通道中添加黑白贴图可以非常好地控制反射的区域强度,让整体质感有更多的细节,如图4-196所示。

图4-196

09 补充照明 这里有两个问题：第一，主光的明暗对比度不强；第二，环境中并没有偏蓝的色调。因此，要补充灯光亮度和调整空间色调。可以将区域光的"功率"设置为15W以提高照明亮度。添加一个"Octane 纹理环境"灯光，将颜色设置为蓝色，如图4-197所示。实时渲染效果如图4-198所示。

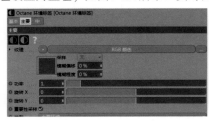 

图4-197   图4-198

10 制作辉光 在"Octane 设置"对话框的"后期"选项卡中勾选"启用"选项，设置"辉光强度"为20、"眩光强度"为5，如图4-199所示。实时渲染效果如图4-200所示。

图4-199   图4-200

11 渲染输出 在"渲染设置"对话框中渲染场景效果，然后在"滤镜"选项卡中勾选"激活滤镜"选项，设置"饱和度"为10%、"亮度"为0%、"对比度"为10%，如图4-201所示。

 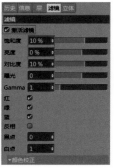

图4-201

实例：制作实景材质

场景文件	场景文件>CH04>03>03.c4d
实例文件	实例文件>CH04>实例：制作实景材质>实例：制作实景材质.c4d
教学视频	实例：制作实景材质.mp4
学习目标	掌握混合材质的设置方法

实景材质的最终效果如图4-202所示。本场景主要针对柏油路面进行材质制作，整个场景的主光线偏昏暗，辅助光线源于路灯。材质分为彩色球和坑洼路面两种。

01 打开"场景文件>CH04>03>03.c4d"文件，视图效果和实时渲染效果如图4-203所示。

图4-202 图4-203

技巧提示 因为场景中有大量的树，会占用计算机内存，所以渲染测试时可以将场景中的树模型暂时隐藏，加快Octane的渲染速度。

02 **创建场景主光源** 在场景中创建一个"Octane HDRI环境"，然后添加"utv-010.hdr"贴图文件，因为场景昏暗，不宜将亮度设置得太高，所以设置"功率"为1.2，如图4-204所示。实时渲染效果如图4-205所示。

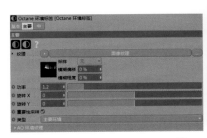

图4-204 图4-205

03 **创建路灯照明** 创建一个"Octane 区域光"，将区域光的尺寸与路灯的尺寸和位置进行匹配。因为路灯的颜色为黄色，所以设置"功率"为300、"色温"为3500，如图4-206所示。实时渲染效果如图4-207所示。

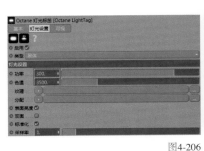

图4-206 图4-207

技巧提示 在匹配路灯尺寸时，可以将区域光作为路灯立方体的子级，让区域光与立方体处于相同的位置即可，如图4-208所示。

图4-208

04 制作路面的水渍 从理论上讲，路面水渍的反射比较强，干燥路面的反射较弱。也就是说，需要创建两个不同属性的材质来进行对比。创建一个Octane光泽度材质球（干燥路面），将对应的贴图添加到"漫射"通道中，具体参数设置如图4-209~图4-211所示。实时渲染效果如图4-212所示。

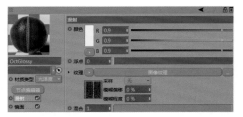

图4-209

图4-210

图4-211

图4-212

05 创建一个Octane光泽度材质球（路面水渍），将对应的贴图添加到"漫射"通道中，具体参数设置如图4-213和图4-214所示。实时渲染效果如图4-215所示。

图4-213

图4-214

图4-215

> **技巧提示** 在场景中除了路面水渍之外，还会有坑洼的效果，需要在"凹凸"通道添加水渍的黑白贴图，因为只有坑洼的地方有高反射，而坑洼之外的路面是干燥的低反射。

06 混合材质 为了让柏油路面的坑洼之外为干燥路面、坑洼之内为水渍路面，创建一个Octane混合材质球，将两种材质分别拖曳到"材质1"和"材质2"中，然后加载一张黑白贴图到"数量"中，如图4-216所示。实时渲染效果如图4-217所示。

图4-216

图4-217

07 创建有色球体材质 创建多个Octane光泽度材质球，在"漫射"通道中设置不同的颜色。实时渲染效果如图4-218所示。

08 制作辉光效果 开启场景中的树模型，在"Octane 设置"对话框的"后期"选项卡中勾选"启用"选项，设置"辉光强度"为10，如图4-219所示。实时渲染效果如图4-220所示。

图4-218

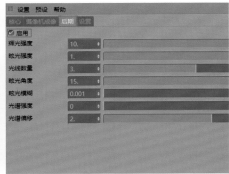
图4-219

图4-220

09 渲染输出 对场景进行渲染，在"滤镜"选项卡中勾选"激活滤镜"选项，设置"亮度"为5%、"对比度"为5%，如图4-221所示。

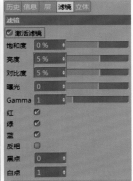
图4-221

实例：制作野外植物材质

场景文件　场景文件>CH04>04>04.c4d
实例文件　实例文件>CH04>实例：制作野外植物材质>实例：制作野外植物材质.c4d
教学视频　实例：制作野外植物材质.mp4
学习目标　掌握SSS材质与地面的制作方法

野外植物材质的效果如图4-222所示。

图4-222

实例：制作人物夜晚场景材质

场景文件	场景文件>CH04>05>05.c4d
实例文件	实例文件>CH04>实例：制作人物夜晚场景材质>实例：制作人物夜晚场景材质.c4d
教学视频	实例：制作人物夜晚场景材质.mp4
学习目标	掌握自发光场景材质的制作方法

人物夜晚场景材质的效果如图4-223所示。

图4-223

实例：制作小清新风格材质

场景文件　场景文件>CH04>06>06.c4d
实例文件　实例文件>CH04>实例：制作小清新风格材质>实例：制作小清新风格材质.c4d
教学视频　实例：制作小清新风格材质.mp4
学习目标　掌握漫射材质的应用技巧

小清新风格材质的效果如图4-224所示。

图4-224

实例：制作手表材质

场景文件　场景文件>CH04>07>07.c4d

实例文件　实例文件>CH04>实例：制作手表材质>实例：制作手表材质.c4d

教学视频　实例：制作手表材质.mp4

学习目标　掌握金属材质的制作方法

手表材质的效果如图4-225所示。

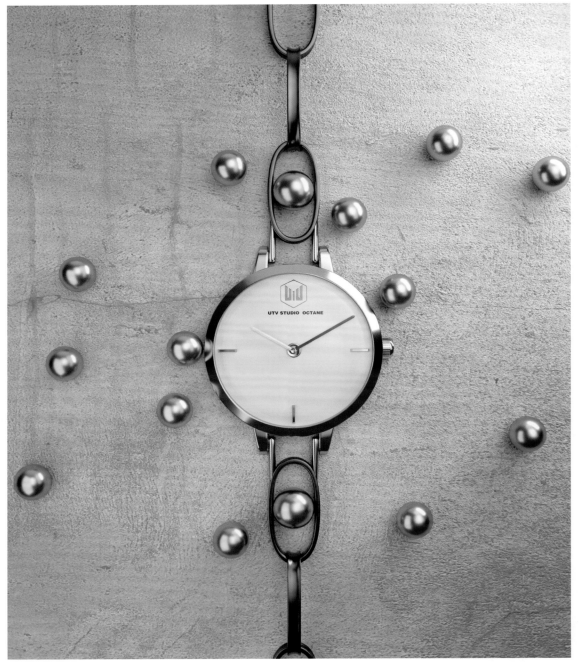

图4-225

Octane节点编辑系统

第 **5** 章

■ 学习目的

    Octane 节点编辑系统对于较传统的层级编辑而言，在操作性和逻辑性上都更清晰和强大，这也使得 Octane 节点编辑系统让材质制作的总体效率提高不少。注意，在学习 Octane 节点编辑系统前，请读者务必掌握第 4 章的内容。

■ 主要内容

- 节点编辑器
- 纹理节点
- 纹理生成器
- 图像纹理
- 浮点纹理
- 材质节点
- UV投射
- 控制节点
- RGB颜色
- 高斯光谱

5.1 节点编辑器

在Octane中，节点编辑器的打开方式有3种。

第1种： 创建Octane材质球，然后在材质编辑器中单击"节点编辑器"按钮，如图5-1所示。

第2种： 在OctaneLV中执行"材质>Octane 节点编辑器"菜单命令，如图5-2所示。

第3种： 在OctaneLV的实时渲染效果中单击鼠标右键，选择"节点编辑器"命令，如图5-3所示。

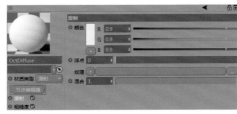

图5-1

图5-2

图5-3

5.1.1 节点编辑器界面

打开一个完整材质的节点编辑器，参数面板如图5-4所示。

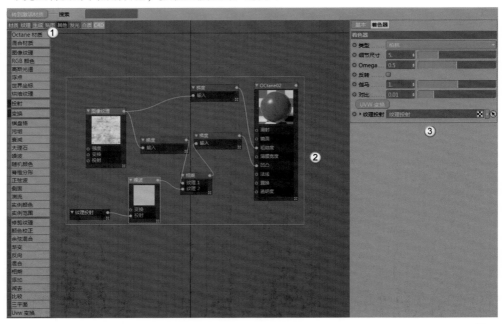

图5-4

1.节点过滤器

Octane使用8种不同的节点颜色来进行节点功能分类，默认为全部打开的状态，所以在界面上可以看到所有的节点信息。节点过滤器的意义在于方便查找与管理，例如如果只想看到纹理节点，可以在过滤器上使用鼠标单击"纹理"标签，如图5-5所示。其他类型的过滤结果如图5-6~图5-12所示。

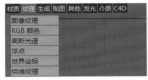

图5-5

图5-6

图5-7

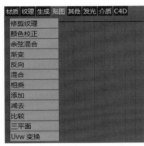

图5-8

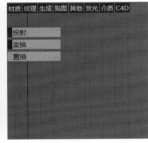

图5-9

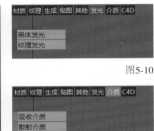

图5-10

图5-11

图5-12

2.节点编辑浏览

每个节点都有输入端口与输出端口，通过"节点编辑浏览"界面来显示每个节点数据的传输情况，以便观察和修改，如图5-13所示。

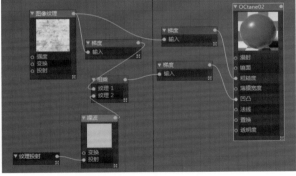

图5-13

3.节点属性

每个节点并非只是一个端口，输入和输出端口都有自己的属性，以使节点的功能更加完善，例如"噪波"节点，如图5-14所示。

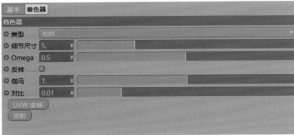

图5-14

5.1.2 节点编辑方式的优势

下面对比一下材质的两种编辑方式。

1.传统方式

在OctaneLV中执行"材质>Octane 光泽材质"菜单命令，然后执行一系列切换面板的层级式操作和文件夹操作，如图5-15~图5-17所示。这势必会让整个工作的速度变慢，且逻辑性也较差。

图5-15

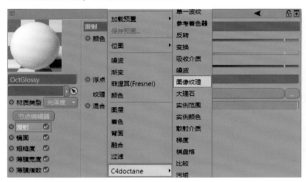

图5-16

图5-17

2.节点编辑方式

在OctaneLV中执行"材质>Octane节点编辑器"菜单命令，如图5-18所示。然后在节点编辑器中单击"Octane 材质"节点，将其拖曳到界面中，并在"基本"选项卡中修改"材质类型"，如图5-19所示。接着将纹理贴图直接拖曳到界面中进行链接，如图5-20所示。

图5-18

图5-19

技巧提示 节点编辑的逻辑性强，对于不同的节点，可以通过颜色来清晰地寻找，拖曳贴图可自动生成图像纹理节点，不需要手动添加，十分便捷。

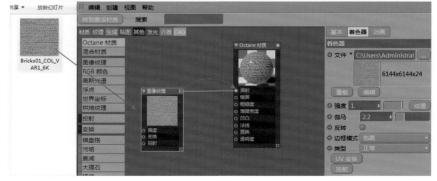

图5-20

5.2 材质节点

要想熟练掌握Octane材质节点，必须要了解每个节点的含义与功能。下面介绍一些重要节点。"材质"节点的类型有两种，分别为"Octane 材质"和"混合材质"。

5.2.1 Octane材质

默认类型为"漫射"，在"材质类型"中可以选择类型，例如"光泽度"或"镜面"，如图5-21所示。

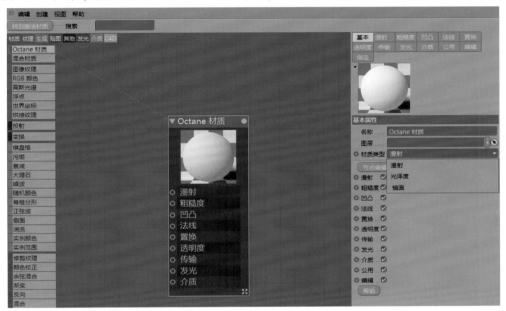

图5-21

5.2.2 混合材质

将其他材质拖曳到节点编辑器中进行直接链接，如图5-22所示。渲染效果如图5-23所示。

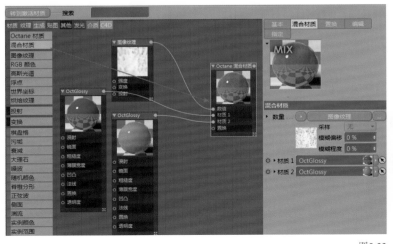

图5-22

图5-23

121

5.3 纹理节点

"纹理"节点共有6种，分别为"图像纹理""RGB颜色""高斯光谱""浮点纹理""世界坐标""烘焙纹理"，下面依次介绍。

5.3.1 图像纹理

该节点适用于任何材质通道中，可以载入外部贴图，使用率非常高。下面为制作枯树桩的例子，使用该节点为材质各通道载入不同的贴图，虽然节点数量增多，但是逻辑非常清晰，不容易混乱，如图5-24和图5-25所示。"图像纹理"节点的参数面板如图5-26所示。

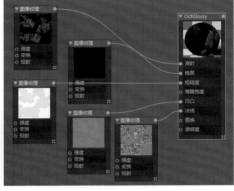
图5-25

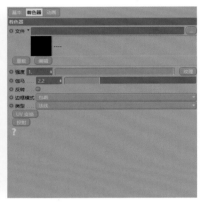
图5-26

图5-24

重要参数介绍

◇ **文件：**载入纹理贴图。

◇ **强度：**控制贴图明亮度。

◇ **伽马：**控制贴图深浅度。

◇ **反转：**反转贴图颜色值，链接"透明度""镜面""粗糙度"通道。链接"透明度"通道后的测试效果如图5-27和图5-28所示。反转前后的贴图对比如图5-29和图5-30所示。

图5-27

图5-28

图5-29   图5-30

◇ **边框模式：**当纹理贴图没有完全覆盖模型时，可以使用不同的模式来进行覆盖，如图5-31所示。

包裹   黑色   白色   修剪值   镜像

图5-31

◇ **类型：** 纹理贴图非常消耗计算机GPU的显存，如果大量使用纹理贴图，渲染就容易崩溃，所以需要通过3种类型来进行优化。"漫射"通道载入的是RGB图像，可使用"法线"类型；"粗糙度""镜面"等通道使用的是灰度图像，可使用"浮点"类型，可以节约显存，该类型也可在"漫射"通道中将RGB图像转换成灰度图像；如在"透明度"通道中使用黑白贴图，请使用"Alpha"类型，可以释放更多的GPU空间。

◇ **UV变换与投射：** 指在Octane中可以改变UV形态，在后面的内容中会详细介绍。

5.3.2 RGB颜色

用于输出指定的颜色信息，例如创建一个金属材质，默认情况下"镜面"通道的参数是黑色，所以渲染的最终效果为不锈钢。如果想要获得黄金材质，就需要将"RGB颜色"节点更改为黄色，然后将其拖曳到界面中并与"镜面"通道产生链接，如图5-32所示。测试效果如图5-33和图5-34所示。

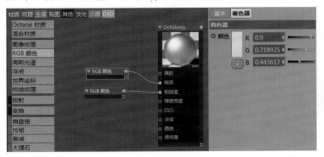 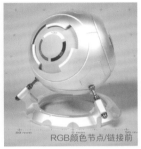 

图5-32　　　　图5-33　　　　图5-34

5.3.3 高斯光谱

"高斯光谱"其实与"RGB颜色"非常相似，"RGB颜色"使用颜色拾取器HSV来获得色彩信息，"高斯光谱"使用"波长""宽度""强度"来获得色彩信息，参数面板如图5-35所示。

重要参数介绍

◇ **波长：** 单位以nm（纳米）计算（可见光范围是380~720nm，如图5-36所示），在0~1内设置不同的颜色，0代表蓝色，1代表红色。

◇ **宽度：** 用于设置颜色的饱和度，0代表黑色，1代表白色，中间值可以决定饱和度。

◇ **强度：** 代表颜色的功率，也就是明暗度，0代表黑色，1代表白色。

 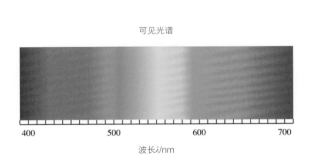

图5-35　　　　图5-36

技术专题： 高斯光谱与RGB颜色节点的对比

在"漫射"通道中，可以直接使用"RGB颜色"快速地选取颜色，也可以使用"高斯光谱"来设置颜色，两者区别不大。参数设置如图5-37和图5-38所示。效果如图5-39和图5-40所示。

图5-37   图5-38

图5-39   图5-40

下面在发光条件下对比，即通过"发光"通道。将"RGB颜色"设置为红色时，将发光"功率"设置为20，会发现发光颜色与"RGB颜色"相同，如图5-41和图5-42所示。

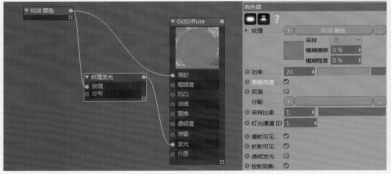

图5-41   图5-42

将"RGB颜色"的"功率"设置为500，会发现发光颜色与"RGB颜色"有明显的色差，如图5-43和图5-44所示。

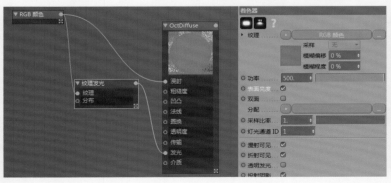

图5-43   图5-44

接下来设置"高斯光谱"的"波长"为0.75、"宽度"为0.015、"强度"为0.8，这是红色的波长频谱，如图5-45所示。测试效果如图5-46和图5-47所示。

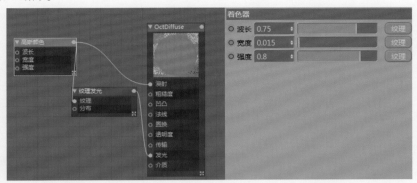

图5-45

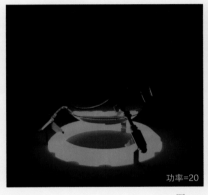

功率=20

图5-46

功率=500

图5-47

在"发光"通道中，使用"RGB颜色"时，发光的"功率"越高，颜色相差就越大；使用"高斯光谱"时，无论发光"功率"多高，都不会影响光谱本身的颜色。因此，在制作发光材质时，"RGB颜色"会存在色差的问题，建议使用"高斯光谱"。

5.3.4 浮点纹理

这是一个功能非常强大的节点，实用性较强，可以通过它来驱动任何通道及参数。在第4章中已经详细介绍过浮点纹理，这里简单地了解一下该节点的使用方法即可。"浮点纹理"主要用于控制图像纹理的强度。值越低，强度越弱；值越高，强度越强。节点链接方式如图5-48所示。测试效果如图5-49和图5-50所示。

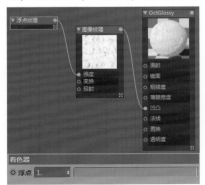

图5-48

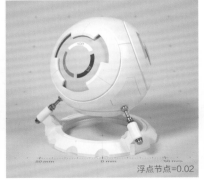

浮点节点=0.02

图5-49

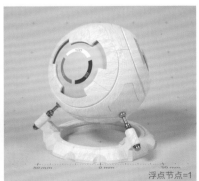

浮点节点=1

图5-50

5.3.5 世界坐标

这是专门用于毛发渲染的节点，主要用于设置发根与发梢的颜色，从而创造出渐变的效果。下面介绍具体方法。

第1步：添加"世界坐标"节点，会发现发根与发梢的颜色产生了黑白渐变效果，如图5-51和图5-52所示。

图5-51

图5-52

第2步：将"渐变"节点拖曳到界面中，名称会变成"梯度"，然后将"世界坐标"的输出端口链接到"梯度"输入端口，"梯度"的输出端口链接到"漫射"通道，选择"梯度"选项并修改渐变颜色，如图5-53~图5-55所示。

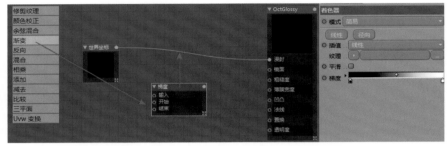

图5-53

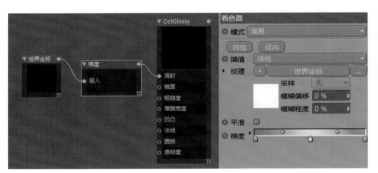

图5-54

图5-55

5.3.6 烘焙纹理

该节点主要用于将程序纹理烘焙成"图像纹理"。Octane程序纹理是无法识别"置换"的，如图5-56和图5-57所示；"图像纹理"却可以识别，如图5-58和图5-59所示。

图5-56

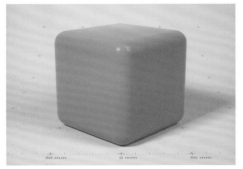

图5-57

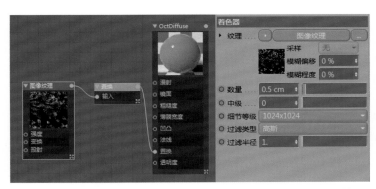 

图5-58　　　　　　　　　　　　　　　　　　　　图5-59

要让Octane程序纹理识别"置换"就必须将程序纹理烘焙成"图像纹理"。将"烘焙纹理"节点拖曳到界面中，将程序纹理"噪波"的输出端口链接到"烘焙纹理"的输入端口，将"烘焙纹理"的输出端口链接到"置换"通道，如图5-60所示。效果如图5-61所示。

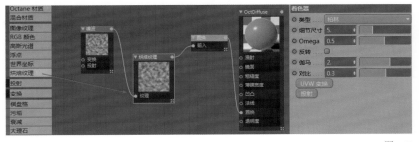 

图5-60　　　　　　　　　　　　　　　　　　　　图5-61

5.4 UV投射节点

UV投射的节点类型共有两种，分别为"投射（纹理投射）"和"变换（UVW变换）"。

5.4.1 纹理投射

只要材质使用贴图，就一定会有UV和投射问题，此节点用于调整纹理的UV映射类型，与Cinema 4D默认的投射功能相同，如图5-62和图5-63所示。

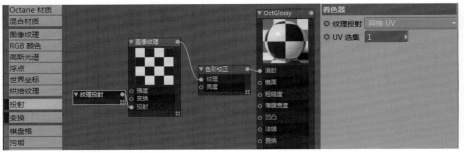 

图5-62　　　　　　　　　　　　　　　　　　　　图5-63

技巧提示 Octane与Cinema 4D的纹理投射不能同时使用，尤其在制作动画的时候，使用Cinema 4D纹理投射会出现纹理不跟随动画的问题，建议使用Octane中的"纹理投射"。

重要参数介绍

◇ **盒子：** 以立方体形状进行投射。这是比较好的一种投射方式，但是它会因为模型的不同产生图案接缝，如图5-64所示。

◇ **圆柱体：** 以圆柱形状进行投射。圆柱投影提供了一种快速的方法将纹理映射在粗略的圆柱表面上，但是它会根据模型的不同产生图案接缝，如图5-65所示。

◇ **网格UV：** 使用模型自带的UV，将纹理投射到表面，这是该节点的默认方式。如果模型自带的UV是错误的，那么它投射的结果也会出现错误，想要获得正确的结果，就需要手动拓展UV，如图5-66所示。

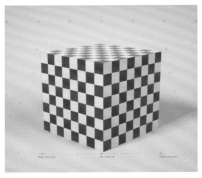

图5-64   图5-65   图5-66

◇ **透视：** 采用世界空间坐标，并将x和y坐标除以z坐标，类似Cinema 4D的相机映射，可以通过它来模拟投影仪效果，如图5-67~图5-69所示。

◇ **球形：** 以球面UV坐标进行经度与纬度方向上的投射，如图5-70所示。

图5-67   图5-68

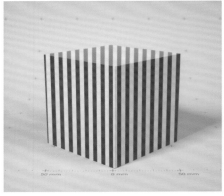

图5-69   图5-70

◇ **三平面：** 从x、y、z轴3个方向对纹理进行映射，需要与"三平面"节点配合使用。在后面会进行详细说明。

◇ **XYZ到UVW：** 被称为平面投影或平面映射，图像纹理沿z轴投影的平面映射，会根据世界坐标或对象坐标来决定适配物体造型的最佳贴图形式，如图5-71所示。测试效果如图5-72所示。

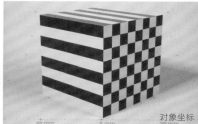

图5-71

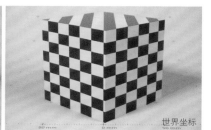

图5-72

5.4.2 UVW变换

设置好UV投射类型后，可以通过"UVW变换"中的旋转、缩放或移动来进行UV投射的二次更正，所以在修改UV时，应该共同应用"投射"节点和"变换"节点，如图5-73所示。

重要参数介绍

◇ **类型**：共包含5种UVW变换类型，如图5-74所示。

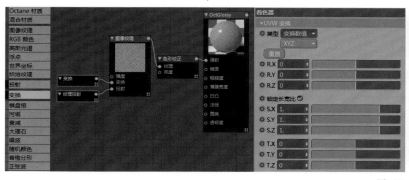

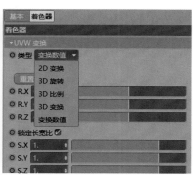

图5-73

图5-74

» **2D变换**：在二维变换参数下，旋转的"R.X"和"R.Y"是禁用的，只能通过"R.Z"来进行旋转，如图5-75所示，测试效果如图5-76和图5-77所示；缩放与移动可通过"S.X""T.X"和"S.Y""T.Y"进行改变，而"S.Z""T.Z"禁用，如图5-78所示，测试效果如图5-79和图5-80所示。

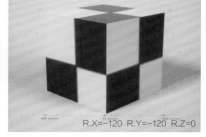

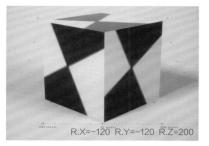

图5-75

图5-76

图5-77

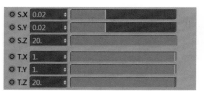

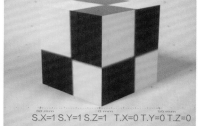

图5-78

图5-79

图5-80

129

   » **3D旋转：** 在三维旋转参数下，只提供了单独的旋转选项，即通过 "R.Z" 来改变旋转方向，如图5-81所示。

   » **3D比例：** 在三维比例参数下，只提供了单独的缩放选项，即通过 "S.X" "S.Y" 来缩放图像比例，如图5-82所示。

   » **3D变换：** 在三维变换参数下，提供所有x、y、z轴上的旋转、缩放和移动参数，如图5-83所示。

图5-81 图5-82 图5-83

   » **变换数值：** 转换值节点类似于3D变换。

◇ **R.X/R.Y/R.Z：** 调整纹理的旋转角度。

◇ **S.X/S.Y/S.Z：** 调整纹理的缩放比例。

◇ **T.X/T.Y/T.Z：** 调整纹理的移动位置。

5.5 生成节点

"生成" 节点共包含12种纹理生成器节点，分别为 "棋盘格" "污垢" "衰减" "大理石" "噪波" "随机颜色" "脊椎分形" "正弦波" "侧面" "湍流" "实例颜色" "实例范围"。

5.5.1 棋盘格

"棋盘格" 能够创建棋盘的图案，可以应用于任何通道。因为是以黑白色组成的，所以 "棋盘格" 节点没有任何参数可以调节，需要配合 "投射" 或 "变换" 节点设置棋盘的样式，如图5-84所示。测试效果如图5-85~图5-87所示。

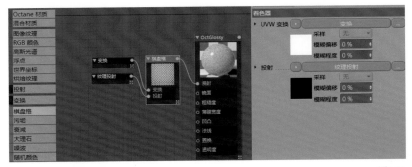

图5-84

默认效果 添加UV投射 添加UV变换

图5-85 图5-86 图5-87

5.5.2 污垢

多边形模型的凹凸越明显或越接近彼此，就越会在多边形夹缝之间出现黑色；而多边形表面较为平坦或存在较少夹缝时，会出现白色。使用"污垢"节点可以根据模型的结构来计算黑白之间的差异，如图5-88所示。测试效果如图5-89和图5-90所示。

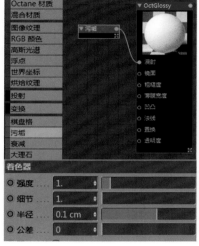

未添加污垢

添加污垢

图5-88   图5-89   图5-90

技巧提示 从图5-90中可以看出，模型的夹缝之间会出现黑色，模型平坦的地方（面部）出现白色，在"漫射"通道中只用较少的"污垢"就可以模拟虚假的环境吸收（AO）效果。

重要参数介绍

◇ **强度：** 强度为1时，代表污垢效果完全消失；强度为10时，代表污垢效果会出现非常强烈的黑白对比。测试效果如图5-91和图5-92所示。

强度=1

强度=10

图5-91   图5-92

◇ **细节：** 如果想在模型上显示更多的细节，需要增加该值。它会在模型的平坦区域呈现出更多的污垢细节，这种细节是以网格的方式进行表现的。测试效果如图5-93和图5-94所示。

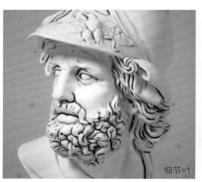
细节=1

细节=100

图5-93   图5-94

◇ **半径：** 此参数可以让污垢产生蔓延的效果，值设置为0，白色会蔓延并且覆盖黑色；值大于0时，黑色会蔓延并且覆盖白色。"半径"越大，模型更多的面积就会被污垢所影响。测试效果如图5-95和图5-96所示。

图5-95　　　　　　　　　　　　　图5-96

◇ **公差：** 提高该值，可以让污垢的线条产生粗细之分，解散污垢固有的均匀性，从而提升污垢的分布效果。测试效果如图5-97和图5-98所示。

图5-97　　　　　　　　　　　　　图5-98

◇ **翻转法线：** 将污垢的黑白色进行转换。测试效果如图5-99和图5-100所示。

图5-99　　　　　　　　　　　　　图5-100

技术专题： 在混合材质中使用"污垢"节点

　　因为"污垢"节点是以黑白色组成的，所以可以应用在任何通道上，例如Octane混合材质中。这里创建两种材质，分别为金属材质和光泽材质，如图5-101所示。将"污垢"节点的输出端口链接到混合材质中的"数值"输入端口，如图5-102所示。测试效果如图5-103和图5-104所示。

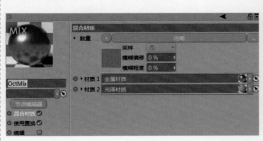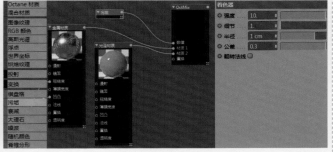

图5-101　　　　　　　　　　　　　图5-102

未混合污垢 图5-103

混合污垢 图5-104

5.5.3 衰减

主要用于根据摄像机视角产生衰减效果，即摄像机角度改变时，衰减会一直跟随，犹如菲涅耳效应，如图5-105所示。测试效果如图5-106和图5-107所示。

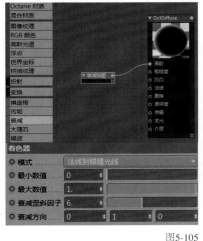

图5-105

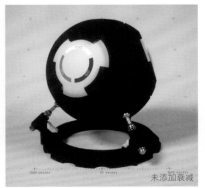

未添加衰减 图5-106

添加衰减 图5-107

技巧提示 如果只是单纯的黑色漫射材质，在模型中并没有太多的细节，而使用"衰减"节点后，模型边缘会产生白色。

重要参数介绍

◇ **模式：** 包含3种类型。测试效果如图5-108~图5-110所示。

法线到眼睛光线 图5-108

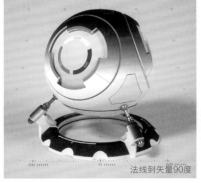

法线到矢量90度 图5-109

法线到矢量180度 图5-110

◇ **最小数值：** 数值为0时，会出现黑色；数值为1时，会出现白色；数值为0~1时，则出现灰色。测试效果如图5-111和图5-112所示。

图5-111　　　　　　　　　　　　　　图5-112

◇ **最大数值：** 与"最小数值"原理类似。测试效果如图5-113和图5-114所示。

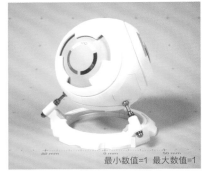

图5-113　　　　　　　　　　　　　　图5-114

◇ **衰减歪斜因子：** 数值大于6时，白色会远离摄像机；数值小于6时，白色会接近摄像机。测试效果如图5-115~图5-117所示。

图5-115　　　　　　　　　　图5-116　　　　　　　　　　图5-117

◇ **衰减方向：** 常用于"法线到矢量"的模式下，以实现方向的改变。图5-118和图5-119所示为"法线到矢量90度"模式下的测试效果。

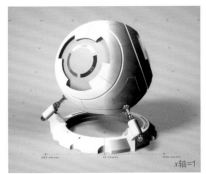

图5-118　　　　　　　　　　　　　　图5-119

技术专题： 使用"衰减"节点制作X光效

"衰减"节点是以黑白色组成的，所以它可以用于任何通道上。在"发光"通道中设置"颜色"为蓝色，然后将"衰减"节点的输出端口链接到材质中的"透明度"通道，如图5-120所示。X光效如图5-121和图5-122所示。

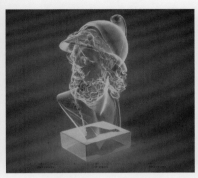

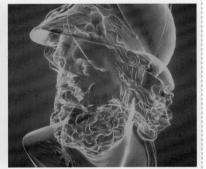

图5-120　　　　　　　　　　　　　　图5-121　　　　　　　　　　　　　　图5-122

5.5.4 大理石

这是Octane自带的程序化纹理贴图，与后面的"噪波""脊椎分形""湍流"等都是同种风格的节点，只是创建出的纹理图案类型有所不同，如图5-123所示。

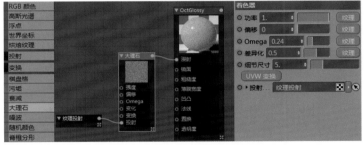

图5-123

重要参数介绍

◇ **功率：** 控制强度，当"功率"值为0时，代表没有任何强度（黑色）；当"功率"为最大值1时，代表大理石正常的强度。如果让"功率"值大于1，需要单击"功率"后面的"纹理"按钮，如图5-124所示，单击后会出现"浮点纹理"节点，可调节"浮点"数值，如图5-125所示，此时效果会根据数值的增加而越来越白，如图5-126和图5-127所示。

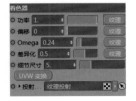

图5-124

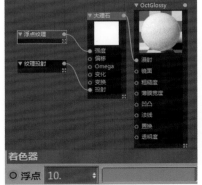

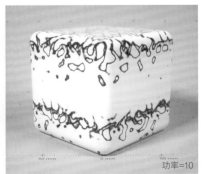

图5-125　　　　　　　　　　　　　　图5-126　　　　　　　　　　　　　　图5-127

◇ **偏移：** 控制纹理图案的偏移走向，可以根据模型自身的UV来决定横向偏移还是纵向偏移。

◇ **Omega：** 控制多层级噪波的融合效果，需要与"细节尺寸"配合使用。"细节尺寸"指噪波的层次数量，层次越高，噪波的细节就会越大，从而获得最佳的融合效果。测试效果如图5-128和图5-129所示。

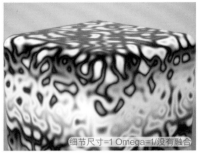

图5-128

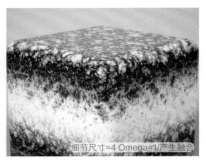

图5-129

◇ **差异化：** 数值为0时，会出现黑白的间隔线条；数值大于0时，黑白内部会出现类似湍流的噪波图案。测试效果如图5-130和图5-131所示。

图5-130

图5-131

"大理石"节点是以黑白色组成的图案，所以可以应用在任何通道上，例如创建一个Octane光泽材质，将"大理石"节点的输出端口链接到光泽材质的"凹凸"通道中，如图5-132所示。测试效果如图5-133和图5-134所示。

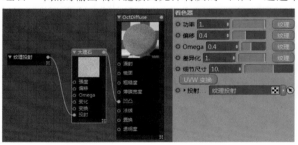

图5-132

图5-133

图5-134

5.5.5 噪波

"噪波"是所有程序纹理节点中比较常用的节点，如图5-135所示。它包含4个噪波类型："柏林""湍流""循环""碎片"。测试效果如图5-136~图5-139所示。

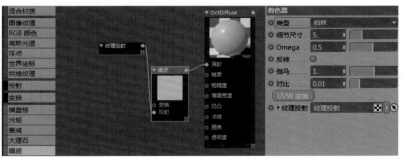

图5-135

图5-136

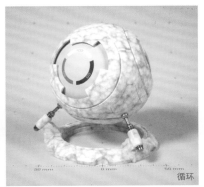

湍流	循环	碎片
图5-137	图5-138	图5-139

技巧提示 "大理石""噪波""脊椎分形""湍流"节点都大同小异,它们只是纹理图案类型不同,参数含义都是相同的。

5.5.6 随机颜色

"随机颜色"节点常用于克隆(仅支持克隆实例,如图5-140所示),可以在克隆模式下显示不同的随机颜色,在黑白之间产生淡入淡出效果,如图5-141所示。测试效果如图5-142和图5-143所示。可以使用"种子"选项调整随机颜色的位置分布。

图5-140

图5-141

克隆/不勾选渲染实例

图5-142

克隆/勾选渲染实例

图5-143

技术专题： 如何将随机黑白色修改成RGB颜色

第1步：将"渐变"节点拖曳到界面中，将"随机颜色"的输出端口链接到"梯度"的输入端口，然后将"梯度"的输出端口链接到光泽材质的"漫射"通道，如图5-144所示。

第2步：选择"梯度"节点，进入参数面板，修改"梯度"选项中的渐变颜色即可完成颜色的转换，如图5-145所示。修改前后的对比效果如图5-146和图5-147所示。

图5-146

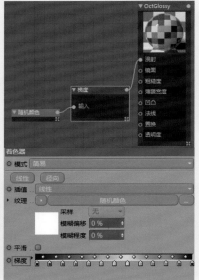

图5-145

图5-147

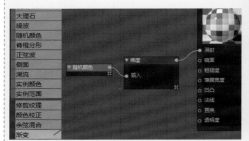

图5-144

5.5.7 正弦波

"正弦波"默认显示为"单一波纹"，分为"单一波纹""三角波纹""锯齿波纹"3种类型，参数面板如图5-148所示。测试效果如图5-149~图5-151所示。

图5-148

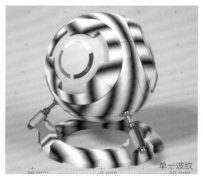

单一波纹

图5-149

三角波纹

图5-150

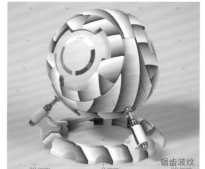

锯齿波纹

图5-151

重要参数介绍

◇ **偏移：** 通过纹理贴图影响正弦波的黑白细节，如图5-152所示。测试效果如图5-153和图5-154所示。

图5-152

图5-153

图5-154

5.5.8 侧面

使用"侧面"节点可以基于多边形法线方向分配出黑白颜色值。这是一个非常重要的节点，可以在多边形内外面、正反面设置不同的色彩信息，如图5-155所示。测试效果如图5-156和图5-157所示。勾选"反转"选项后，会调换默认设定的黑色侧面的顺序。

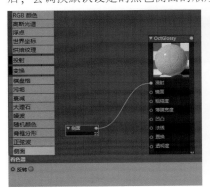

图5-155

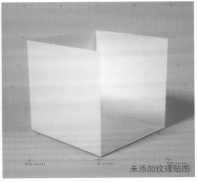

图5-156

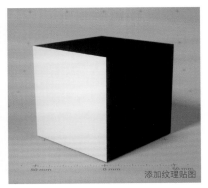

图5-157

技术专题： 如何将黑白模型的黑白色改为RGB颜色

添加"侧面"节点后，正方形的内部与外部产生了不同的颜色信息，那么如何将黑白色修改成RGB颜色？

创建两个"RGB颜色"节点，分别修改成红、黄色；然后添加"混合纹理"节点，将"侧面"节点的输出端口链接到"混合纹理"节点的"数值"输入端口，将"RGB颜色"节点的输出端口分别链接到"纹理1"和"纹理2"的输入端口；将"混合纹理"节点的输出端口链接到材质的"漫射"通道，如图5-158所示。效果如图5-159所示。

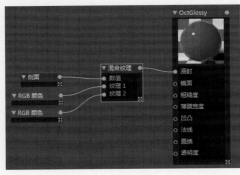

图5-158

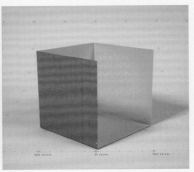

图5-159

5.5.9 实例颜色

"实例颜色"用于保存图像的每一个像素，使每一个纹理像素等于每个实例ID，并将像素精确地分配到每个被分配ID的对象上。下面举例说明。

第1步： 创建圆柱并进行克隆，这里设置克隆"模式"为"网格排列"，并勾选"渲染实例"选项，设置"数量"为（10，1，10），如图5-160所示。效果如图5-161所示。

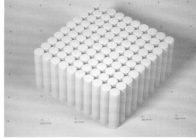

图5-160　　　　　　　　　　图5-161

第2步： 创建一个Octane光泽度材质球，打开节点编辑器，将"实例颜色"节点的输出端口链接到材质的"漫射"通道后，将材质指定给克隆对象，然后在"实例颜色"节点的"文件"中添加纹理，如图5-162所示。

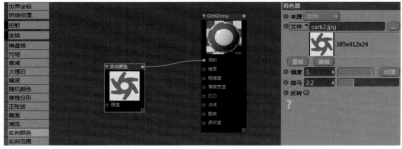

图5-162

重要参数介绍

◇ **强度：** 调整纹理明暗度。

◇ **伽马：** 调整纹理色彩饱和度。

◇ **反转：** 将纹理进行调换，色彩会产生改变，如图5-163和图5-164所示。

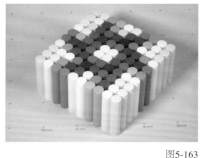

图5-163　　　　　　　　　　图5-164

技术专题： 如何解决渲染窗口没颜色的问题

在使用"实例颜色"节点后，预览窗口有纹理颜色，但是在OctaneLV中没有出现任何颜色，如图5-165所示。这是什么原因造成的呢？

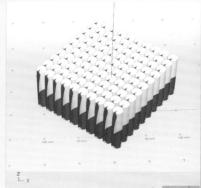
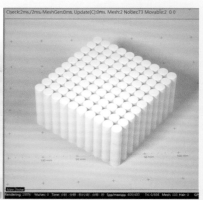

图5-165

在此，要弄清楚实例ID的原理。"实例颜色"节点是将图像的每一个像素映射到每一个实例ID上，例如克隆ID的数值为10×10，那么图像的像素也应该是10×10，如果像素与ID数值不同，就不会生成效果颜色。

例如，现在贴图的像素是385×412，如图5-166所示，而实例ID数值是10×10，如图5-167所示，那么渲染效果是无法生成颜色的，如图5-168所示。

图5-166

图5-167

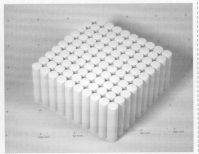
图5-168

现在将贴图像素与实例ID保持统一，即设置为10×10，如图5-169和图5-170所示。渲染效果如图5-171所示。

图5-169

图5-170

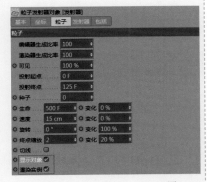
图5-171

技术专题：如何解决发射器的粒子只有一个模型颜色的问题

下面来做一个实验。

第1步：在Cinema 4D中执行"模拟>粒子>发射器"菜单命令，创建宝石作为发射器的粒子形态，设置"编辑器生成比率"和"渲染器生成比率"均为100，并勾选"显示对象"与"渲染实例"选项，如图5-172所示。

第2步：创建一个Octane光泽度材质球，打开节点编辑器，将"实例颜色"的"来源"设置成"粒子"，将"发射器"拖曳到"颜色来源"，改变"颜色模式"为"年龄"，然后将材质指定给宝石，如图5-173所示。此时渲染窗口中只出现了一颗宝石的颜色，并没有出现粒子，如图5-174所示。

图5-172

图5-173

图5-174

这是因为"实例颜色"改变的是粒子的颜色信息，需要在发射器上添加"Octane 对象标签"才可以将发射器的粒子渲染。

第3步：在"对象"面板中使用鼠标右键单击发射器，然后执行"C4doctane 标签>Octane 对象标签"菜单命令，如图5-175所示。

第4步：单击"Octane 对象标签"图标，然后在"粒子渲染"选项卡中设置"启用"为"球体"，将宝石拖到球体内部，如图5-176所示。渲染效果如图5-177所示。

图5-175

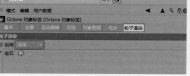

图5-176

图5-177

第5步：使用"实例颜色"节点中的"年龄"颜色模式可以改变粒子出生与死亡后的颜色。测试效果如图5-178和图5-179所示。

请读者注意，一定要根据粒子的发射距离来正确地调整"颜色"的渐变位置，以达到理想效果。"实例颜色"节点不仅可以用于克隆、默认粒子发射器，还支持X-Particles粒子、顶点贴图和Octane 分布。

图5-178

图5-179

5.5.10 实例范围

使用"实例范围"可以根据颜色范围（0~最大ID）将颜色映射到几何实例ID上。下面用一个实验来说明。

01 创建5个模型并依次排列，然后在"对象"面板中用鼠标右键单击每个模型对象并执行"Octane 对象标签>对象图层"菜单命令，接着在"对象图层"选项卡中分别设置"Instance ID"数值，依次为0~4（因为只创建了5个模型，所以从0开始，最大ID值就是4），如图5-180所示。

02 创建一个Octane光泽度材质球，打开节点编辑器，将"实例范围"节点的"最大ID"修改为4（需要与模型最大ID数值相同），然后将"实例范围"节点的输出端口链接到材质的"漫射"通道，最后将材质指定给模型父级，如图5-181和图5-182所示。测试效果如图5-183和图5-184所示。

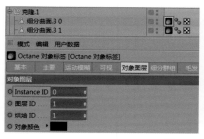

图5-180

图5-181

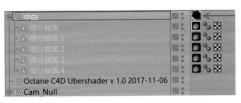

图5-182　　　　　　　　　　　　图5-183　　　　　　　　　　　　图5-184

技巧提示 注意，"实例范围"节点的"最大ID"需要与模型"对象图层"选项卡中"Instance ID"的数值相同，才可以获得颜色过渡。否则颜色会产生随机效果且无任何过渡。

技术专题： 如何为"实例范围"添加RGB颜色

　　这里的方法与前面类似，即使用"渐变（梯度）"节点。将"实例范围"节点的输出端口链接到"梯度"节点的输入端口，将"梯度"节点的输出端口链接到材质的"漫射"通道，设置"梯度"选项中的渐变数量和颜色，如图5-185所示。测试效果如图5-186和图5-187所示。

添加渐变节点前

图5-186

添加渐变节点后

图5-185　　　　　　　　　　　　　　　　　　　　　　　　图5-187

　　为了方便读者理解，下面来制作一下效果。读者可以打开书中对应的练习文件来操作。

　　第1步：选择模型，然后创建克隆，设置"模式"为"线性"、"数量"为5，如图5-188所示。实时渲染效果如图5-189所示。

　　第2步：在克隆子级模型后依次单击鼠标右键，执行"Octane 对象标签>对象图层"菜单命令，然后依次设置"Instance ID"为1~5，如图5-190所示。

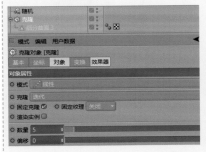

图5-188　　　　　　　　　　　图5-189　　　　　　　　　　　图5-190

　　第3步：创建一个Octane光泽度材质球，设置"实例范围"节点的"最大ID"为5，然后根据前面介绍的方法添加颜色，如图5-191所示。效果如图5-192所示。

图5-191　　　　　　　　　　　　　　　　　　　　　　　　图5-192

5.6 贴图节点

"贴图（控制）"节点主要用于对现有纹理进行二次修改，本节主要介绍"修剪纹理""颜色校正""余弦混合""渐变""反向""相乘""添加""减去""比较""三平面""UVW变换"。因为"混合（混合纹理）"节点在"技术专题：如何将黑白模型的黑白色改为RGB颜色"中已经介绍过用法，本节不再赘述。

5.6.1 修剪纹理

"修剪纹理"节点主要用于修剪固有纹理的"最小"和"最大"值，即用于设置纹理的对比程度，如图5-193所示。

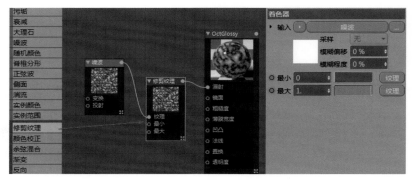

图5-193

重要参数介绍

◇ **输入：** 载入程序纹理或外部贴图。

◇ **最小：** "最小"值为1会将纹理修剪成纯白色（支持贴图或RGB颜色）。

◇ **最大：** "最大"值为0会将纹理修剪成纯黑色（支持贴图或RGB颜色）。测试效果如图5-194~图5-196所示。

原始效果

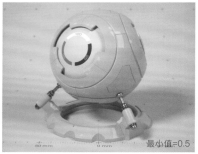
最小值=0.5

最大值=0.2

图5-194 图5-195 图5-196

技巧提示 "最小"值越大，"噪波"的黑色会慢慢变白；"最大"值越小，"噪波"的白色会慢慢变黑，这是典型的对比度滤镜效果。依次类推，如果在"最小"值中添加"RGB颜色"节点，影响的一定是黑色区域，如图5-197所示；同理，如果"RGB颜色"作用于"最大"值，那么影响的一定是白色区域。测试效果如图5-198~图5-200所示。

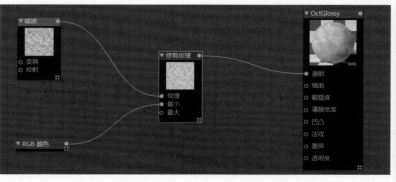

图5-197

图5-198	图5-199	图5-200

5.6.2 颜色校正

"颜色校正"节点主要用于校正固有纹理的色彩信息，例如亮度、色相、饱和度和对比度等，如图5-201所示。

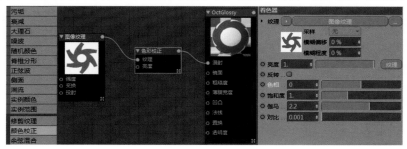

图5-201

重要参数介绍

◇ **纹理：** 载入程序纹理或外部贴图。

◇ **亮度：** 控制纹理整体的亮度与暗部。

◇ **反转：** 反向转变纹理自身颜色，如图5-202和图5-203所示。

图5-202	图5-203

◇ **色相：** 改变纹理颜色，如图5-204和图5-205所示。

图5-204	图5-205

◇ **饱和度：** 改变纹理颜色的饱和度，如图5-206和图5-207所示。

图5-206   图5-207

◇ **伽马：** "伽马"值降低，亮度提高；"伽马"值增加，暗度提高，如图5-208~图5-210所示。

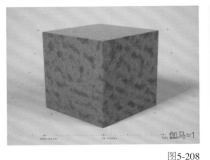

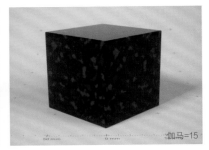

图5-208   图5-209   图5-210

> **技巧提示** 将"伽马"值设置为2.2，可以得到标准的色彩。

◇ **对比：** 控制整体纹理图像的对比强度。

5.6.3 余弦混合

使用"余弦混合"节点可以将两个纹理以余弦波的形式混合在一起。它与"混合"节点的功能非常相似，区别在于后者是以线性的形式混合。参数面板如图5-211所示。"数量"是控制效果的主要参数，值为0时呈现"纹理1"的效果，值为1时呈现"纹理2"的效果，值为0.5则呈现中间效果。测试效果如图5-212~图5-214所示。

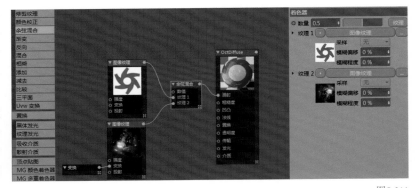

图5-211

图5-212   图5-213   图5-214

另外，除了通过"数量"值来控制混合效果，还可以通过"浮点纹理"和"图像纹理"节点来控制细节。"图像纹理"的贴图如图5-215所示，混合效果如图5-216所示，节点链接如图5-217所示。

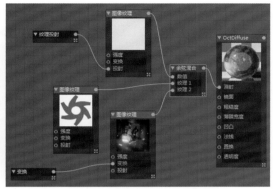

图5-215　　　　　　　　图5-216　　　　　　　　　　　　　　图5-217

技巧提示 通过纹理贴图来进行控制，可以在最终渲染效果中获得更多的细节。

如果使用"浮点纹理"来控制混合效果，则与"混合"节点功能相似。不同点在于，"余弦混合"节点会随着浮点的大小一直重复（可制作循环动画），"混合"节点只会在0~1之间产生转换，如图5-218所示。测试效果如图5-219和图5-220所示。

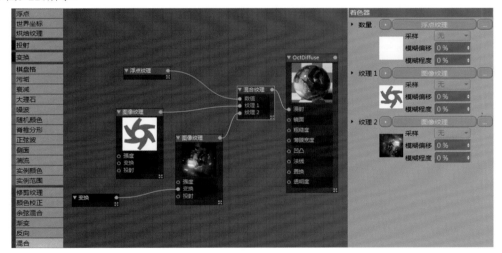

图5-218

图5-219　　　　　　　　　　　　　　　　图5-220

可见，当"混合"节点的"浮点"值超过1的时候，并没有产生"纹理1"与"纹理2"之间的转换。也就是说，"混合"节点只能在0~1之间产生转换。将"余弦混合"节点的"浮点"值设置为2，会出现"纹理1"，如图5-221所示。

图5-221

技巧提示 在使用"浮点纹理"控制"余弦混合"时，偶数得到"纹理1"，奇数得到"纹理2"。这是一种无限循环模式。

5.6.4 渐变

"渐变（梯度）"节点有着非常强大的功能，主要用于渐变映射出多重颜色，如图5-222所示。"渐变"的参数多为搭配使用。

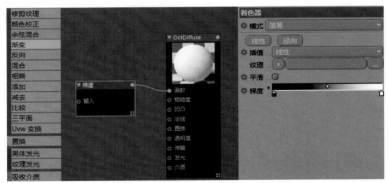

图5-222

重要参数介绍

◇ **线性/简易：**渐变以"线性"模式进行映射，单击"线性"按钮会自动生成正弦波（单一波纹）纹理映射。参数面板如图5-223所示。测试效果如图5-224和图5-225所示。

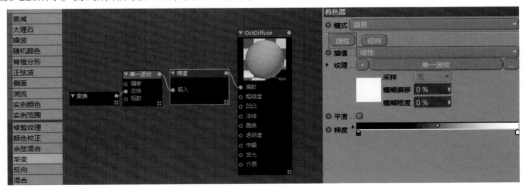

图5-223

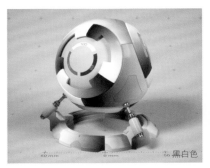  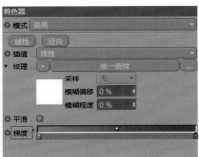

图5-224 图5-225

◇ **径向/简易：** 渐变以球体或圆形模式进行映射，单击"径向"按钮会自动生成正弦波（单一波纹）纹理映射。参数面板如图5-226所示。测试效果如图5-227和图5-228所示。

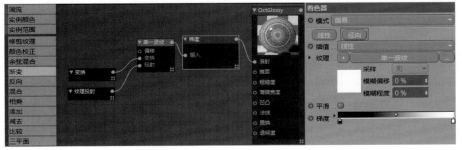

图5-226

图5-227 图5-228

技巧提示 "线性"与"径向"的区别在于单一波纹的UV投射方式不同，"线性"只会出现UV变换，而"径向"会生成UV变换与纹理投射。

◇ **复杂：** 在"复杂"模式下会有更多的控制端口，分别为"开始""结束"和"value"。value的数值是无限的，每一个value代表"梯度"中的一个滑块，如图5-229所示。

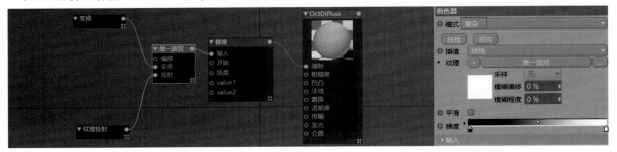

图5-229

技术专题：如何理解"复杂"模式的渐变

为了帮助读者更好地理解"复杂"模式下的渐变原理，下面举两个例子来说明。读者可以打开学习资源中对应的练习文件来跟随学习。

例1

将"梯度"的滑块节点清除，添加3个"图像纹理"节点，分别链接到"输入""开始""结束"端口，如图5-230所示。图像纹理的重叠效果如图5-231所示。

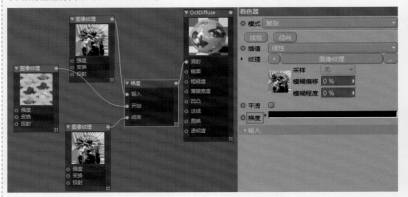

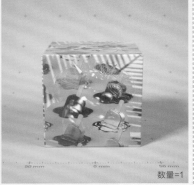

数量=1

图5-230　　　　　　　　　　　　　　　　图5-231

在"梯度"中添加两个滑块，然后分别将两个"图像纹理"节点链接到"value1"与"value2"端口，如图5-232所示。测试效果如图5-233和图5-234所示。

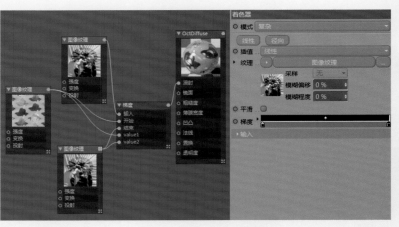

滑块向左/出现结束图像

图5-233

滑块向右/出现开始图像

图5-232　　　　　　　　　　　　　　　　图5-234

读者可以将"输入"端口理解成"开始"与"结束"的遮罩，通过添加"梯度"滑块来让开始与结束的图像纹理产生淡入淡出的动画效果。

例2

单击"线性"按钮，在"线性"模式下创建两个"RGB颜色"节点，分别设置为蓝色和红色，然后分别链接到"开始"和"value1"端口、"结束"和"value2"端口，如图5-235所示。测试效果如图5-236和图5-237所示。

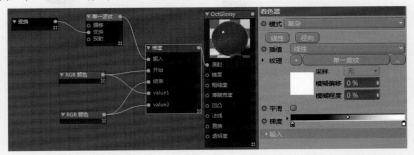

图5-235

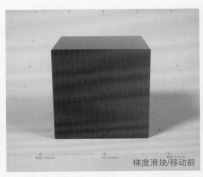

图5-236

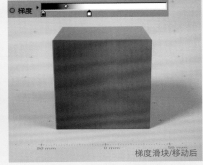

图5-237

之前都是在"漫射"通道上进行试验，如果在"凹凸"通道上进行，就可以制作凹凸表面变换成平滑表面的动画效果。例如创建"噪波"节点，然后链接到"开始"和"value1"端口，如图5-238所示。测试效果如图5-239和图5-240所示。

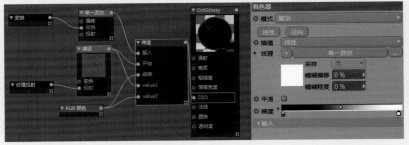

图5-238

图5-239

图5-240

◇ **插值：** 包括"常数""线性""立方"3种类型，用于控制渐变色的过渡效果，如图5-241和图5-242所示。

常数　图5-241　　　　　　　　　线性　图5-242

> **技巧提示** "渐变"除了自身的"线性"模式与"径向"模式之外，还支持图像黑白纹理和Octane程序纹理。

5.6.5 反向

使用"反向"可以将图像纹理进行反转，如图5-243所示。测试效果如图5-244和图5-245所示。

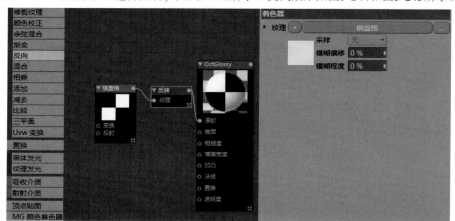

图5-243

反转前　图5-244　　　　　　　　反转后　图5-245

5.6.6 相乘/添加/减去

这3种节点是纯粹的图层叠加模式,与After Effects和Photoshop的图层模式类似。

1.相乘

这是一种变暗的混合模式,与Photoshop中的"正片叠底"图层混合模式在原理上相同,如图5-246所示。测试效果如图5-247和图5-248所示。

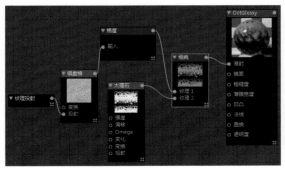

图5-246   图5-247   图5-248

2.添加

这是一种变亮的混合模式,与Photoshop中的"滤色"图层混合模式在原理上相同,如图5-249所示。测试效果如图5-250和图5-251所示。

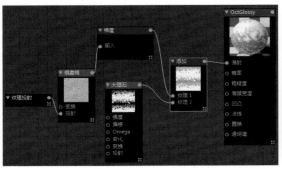

图5-249   图5-250   图5-251

3.减去

这是一种类似布尔运算中"A减B""B减A"的减法处理模式,如图5-252所示。测试效果如图5-253和图5-254所示。

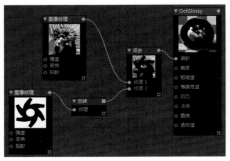

图5-252   图5-253   图5-254

5.6.7 比较

　　"比较"节点具有一定的逻辑，需要通过两个输入来进行类似"A<B"或"A>=B"的运算，从而得出结果。例如，在"输入A"中添加"RGB颜色"(灰)节点，在"输入B"中添加"图像纹理"节点，如图5-255所示。渲染效果如图5-256所示。

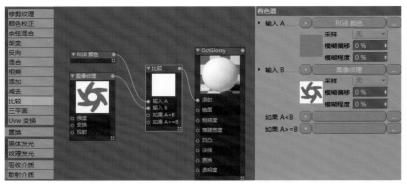

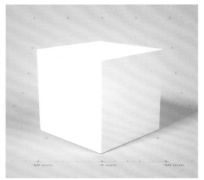

图5-255　　　　　　　　　　　　　　　　图5-256

　　目前，渲染效果中并没有出现"输入A"的颜色或"输入B"的图像纹理，因为现在只是设定这两个节点需要比较，但并没有进行比较。

　　将"RGB颜色"(红)节点链接到"如果A<B"端口，如图5-257所示，效果如图5-258所示；将"RGB颜色"(黄)节点链接到"如果A>=B"端口，如图5-259所示，效果如图5-260所示。

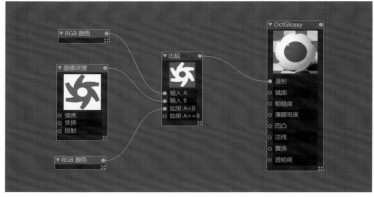

图5-257　　　　　　　　　　　　　　　　图5-258

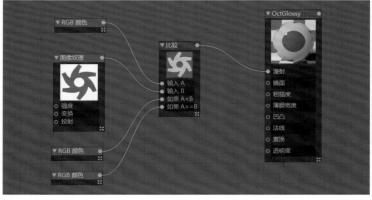

图5-259　　　　　　　　　　　　　　　　图5-260

注意，"输入A"不论是"RGB颜色"还是"图像纹理"，一定要设置为灰度图，不能使用纯黑或纯白色，否则会丢失颜色信息。例如，将"图像纹理"节点链接到"输入A"端口，如图5-261所示。效果如图5-262所示。

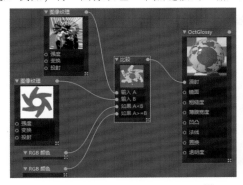

图5-261　　　　　　　　　　图5-262

5.6.8 三平面

使用"三平面"节点可以将"图像纹理"或"RGB颜色"快速映射到x、y、z轴的正负6个方向，如图5-263所示。效果如图5-264所示。

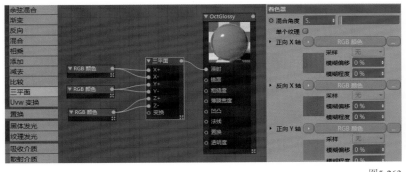

图5-263

图5-264

重要参数介绍

◇ **混合角度：**用于软化三平面的接缝，如图5-265和图5-266所示。

混合角度=5　　　　　　　　混合角度=10

图5-265　　　　　　　　　图5-266

◇ **单个纹理：**仅使用x+单一轴向的纹理或颜色。

技巧提示 在"UVW变换"节点中载入"图像纹理"，会转换成Cinema 4D自身的UV布局，也可通过材质标签的投射进行控制。至于其他节点，例如"置换""黑体发光""纹理发光""吸收介质""散射介质"等，请查阅第4章相关内容。

"C4D"默认节点类型共有8种，都属于Cinema 4D默认材质，在Octane渲染器中不进行过多介绍。

实例：制作创意材质

场景文件	场景文件>CH05>01>01.c4d
实例文件	实例文件>CH05>实例：制作创意材质>实例：制作创意材质.c4d
教学视频	实例：制作创意材质.mp4
学习目标	掌握材质细节的编辑方法

最终效果如图5-267所示。可以非常明显地观察到主光源在画面的右上角，辅助光源是以发光材质来进行深度照明的。在材质方面，分别为SSS彩色球、木板、径向拉丝金属和发光材质。

01 打开"场景文件>CH05>01>01.c4d"文件，如图5-268所示。实时渲染效果如图5-269所示。

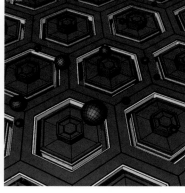

图5-267　　　　　　　　　图5-268　　　　　　　　　图5-269

02 添加辉光效果 在"Octane 设置"对话框的"后期"选项卡中，勾选"启用"选项，设置"辉光强度"为20，如图5-270所示。实时渲染效果如图5-271所示。

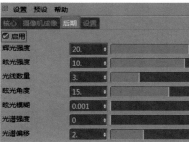

图5-270　　　　　　　　　图5-271

03 创建场景主光源 在场景中创建一个"Octane 目标区域光"，然后调整位置与灯光明暗度，如图5-272和图5-273所示。效果如图5-274所示。

图5-272

> **技巧提示** 在移动Octane目标区域光的位置时，旋转也会跟随着变化。因为Octane目标区域光像圆规一样，中心点不变，位置与旋转产生改变，所以在这种情况下，手动设置一个整体较有难度，请读者在设置时保持足够的耐心。

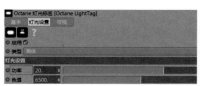

图5-273　　　　　　　　　图5-274

04 **创建辅助光源材质** 创建一个Octane漫射材质球，取消勾选"漫射"选项，打开节点编辑器。具体参数设置如图5-275和图5-276所示。实时渲染效果如图5-277所示。

设置步骤

① 拖曳"黑体发光"节点，将其链接到"发光"通道。

② 设置"黑体发光"的"功率"为50，勾选"表面亮度"选项。

③ 拖曳"RGB颜色"节点链接到"黑体发光"节点的"分布"端口上，设置"RGB颜色"为淡蓝色。

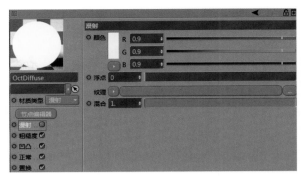

图5-275

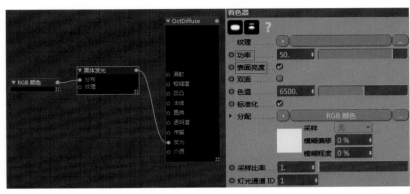

图5-276

图5-277

05 **制作木纹材质** 创建一个Octane光泽度材质球，将学习资源中的木纹贴图与法线贴图拖曳到节点编辑器中，并且链接到相应的通道（"漫射"通道和"法线"通道）端口上，如图5-278所示。实时渲染效果如图5-279所示。

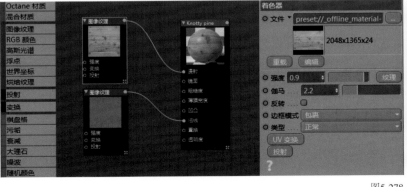

图5-278

图5-279

技巧提示 观察最终的效果图上有很多的白色污垢，如红色圆圈中所示，所以需要给木纹贴图添加白色污垢细节。

06 添加白色污垢细节 通过"噪波"节点来增加细节，将木纹贴图作为"纹理1"，"噪波"节点作为"纹理2"，让两种纹理进行混合，获取噪波中的白色信息。效果如图5-280所示。

图5-280

技巧提示 这里使用到的是Cinema 4D自带的"噪波"节点，并非是Octane中的"噪波"节点，具体参数设置如图5-281所示。

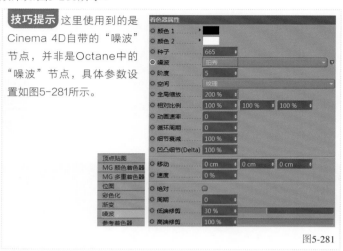

图5-281

07 制作径向拉丝金属 创建一个Octane光泽度材质球，在"索引"通道中设置"索引"为3(金属材质的反射会高于普通材质的反射)。打开节点编辑器，将学习资源中的径向贴图和刮痕贴图拖曳到节点编辑器中，并分别链接到"粗糙度"和"凹凸"通道端口，如图5-282所示。渲染效果如图5-283所示。

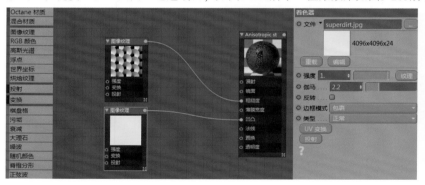

图5-282

图5-283

08 此时刮痕贴图中的黑白对比度不够明显，需要添加"渐变（梯度）"节点，对刮痕贴图进行二次修正，如图5-284所示。渲染对比效果如图5-285和图5-286所示。

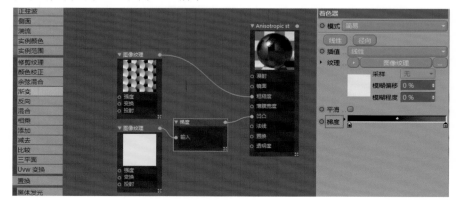

图5-284

图5-285　　　　　　　　　　图5-286

09 制作SSS材质彩色球 创建一个Octane镜面材质球，设置"粗糙度"通道中的"浮点"为3。打开节点编辑器，具体参数设置如图5-287所示。实时渲染效果如图5-288所示。

设置步骤

① 拖曳"散射介质"节点，将其链接到"介质"通道。

② 创建两个"RGB颜色"节点，设置为红色，然后分别链接到"散射介质"节点的"吸收"和"散射"端口。

③ 单击"散射介质"节点，设置"密度"为30。

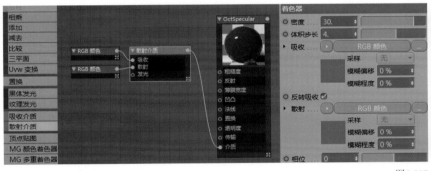 

图5-287　　　　　　　　　　　　　　　图5-288

技巧提示 用相同的方法制作其他颜色的彩色球，即可得到图5-288所示的效果。

10 渲染出图 用第3章中的方法设置最终渲染参数，按组合键Shift+R渲染效果。渲染结束后，在"滤镜"选项卡中，勾选"激活滤镜"选项，设置"饱和度"为10%、"亮度"为-5%、"对比度"为0%，如图5-289所示。

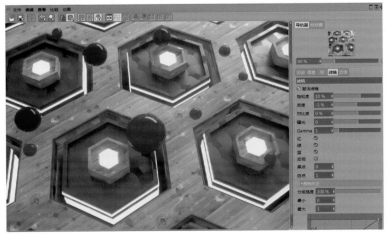

图5-289

实例：制作科幻场景

场景文件　场景文件>CH05>02>02.c4d
实例文件　实例文件>CH05>实例：制作科幻场景>实例：制作科幻场景.c4d
教学视频　实例：制作科幻场景.mp4
学习目标　掌握置换的编辑方法

科幻场景效果如图5-290所示。本场景中的灯光较为复杂，很难观察到主光源与辅助光源的位置关系，唯一的方法就是通过画面中的主要元素（圆锥）来进行判断。在材质方面，分别为置换、玻璃和黑色电路。

01 打开"场景文件>CH05>02>02.c4d"文件，如图5-291所示。实时渲染效果如图5-292所示。

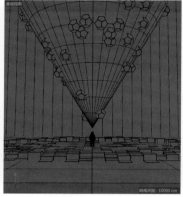

图5-290　　　　　　　　　图5-291　　　　　　　　　图5-292

02 创建圆锥两侧光源 这里的目的是把层次感表现出来。创建一个"Octane 目标区域光"（主光源），然后调整灯光位置，将其放在灯光视角的左侧，并设置"水平尺寸"为200cm、"垂直尺寸"为460cm，如图5-293所示。灯光位置如图5-294所示。

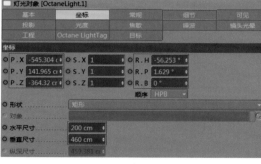
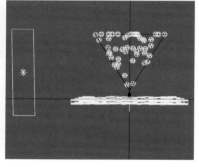

图5-293　　　　　　　　　图5-294

03 设置灯光的"功率"为20，如图5-295所示。实时渲染效果如图5-296所示。

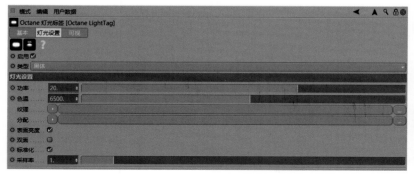

图5-295　　　　　　　　　图5-296

04 创建一个"Octane 目标区域光"(辅助光源)，调整灯光的位置，设置"水平尺寸"为200cm、"垂直尺寸"为280cm，如图5-297所示。将灯光放置在圆锥右侧，如图5-298所示。

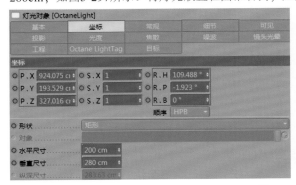

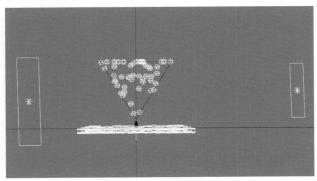

图5-297 | 图5-298

05 辅助光源不能大于主光源，否则会没有层次感。设置灯光的"功率"为10，如图5-299所示。实时渲染效果如图5-300所示。

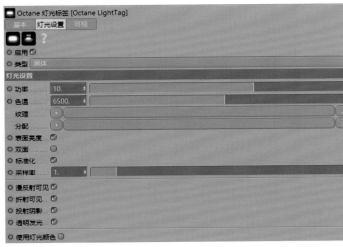

图5-299 | 图5-300

技巧提示 圆锥的左侧为整个场景中最亮的部分，所以左侧的灯光亮度一直会大于右侧的灯光亮度。现在创建的两个"Octane 目标区域光"只是用于区别圆锥的明暗度，但是圆锥与背景并没有区分开，所以还需要继续添加灯光。

06 创建背光 为让圆锥与背景有明显的区分，创建一个"Octane 区域光"，然后调整灯光的位置，并设置"水平尺寸"为600cm、"垂直尺寸"为296cm，如图5-301所示。将灯光移动到圆锥背后，如图5-302所示。

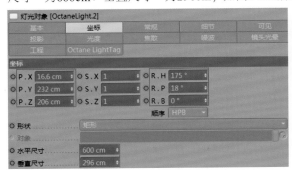

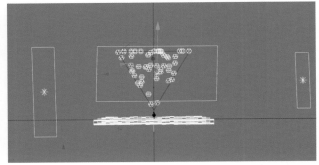

图5-301 | 图5-302

07 设置灯光的"功率"为5，如图5-303所示。实时渲染效果如图5-304所示。

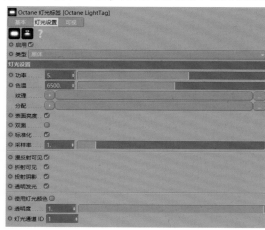

图5-303

图5-304

08 **创建细节光** 这里是为了让圆锥左侧主光的细节亮度更明显。创建一个"Octane 区域光"，调整灯光的位置，并设置"水平尺寸"为60cm、"垂直尺寸"为300cm，如图5-305所示。将灯光移动到紧挨圆锥左侧的位置，如图5-306所示。

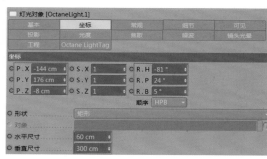
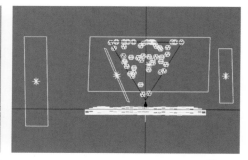

图5-305

图5-306

09 设置灯光的"功率"为30，如图5-307所示。实时渲染效果如图5-308所示。

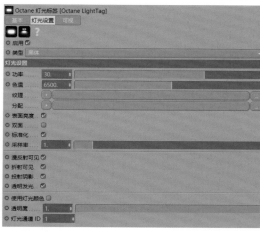

图5-307

图5-308

10 **创建正面光** 这里为了增亮整个场景，创建一个"Octane 区域光"，调整灯光的位置，并设置"水平尺寸"为180cm、"垂直尺寸"为385cm，如图5-309所示。将灯光移动到圆锥正面，如图5-310所示。

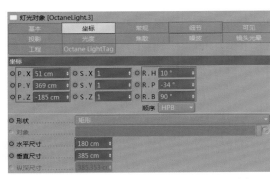

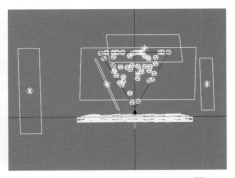

图5-309   图5-310

11 设置灯光的"功率"为20，如图5-311所示。实时渲染效果如图5-312所示。

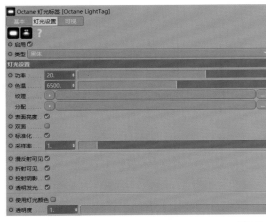

图5-311   图5-312

> **技巧提示** 此时灯光创建完成，读者可能会发现圆锥左侧似乎有曝光的问题。这里先不考虑，因为整个空间灯光层次是合理的，而且目前的曝光处于临界点，可以在添加材质后根据实际情况来确定是否需要调整。

12 **制作地面材质** 创建一个Octane光泽度材质球，打开节点编辑器。具体参数设置如图5-313所示。实时渲染效果如图5-314所示。

设置步骤

① 创建"RGB颜色"节点，设置为5%的黑色，并链接到"漫射"通道。

② 将学习资源中提供的电路板贴图拖曳到节点编辑器中，并将其链接到"凹凸"通道。

③ 将"图像纹理"节点的"类型"设置为"浮点"。

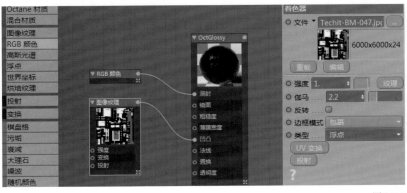

图5-313   图5-314

13 制作圆锥置换材质 创建一个Octane光泽度材质球，打开节点编辑器。具体参数设置如图5-315所示。实时渲染效果如图5-316所示。

设置步骤

① 创建"RGB颜色"节点，设置为5%的黑色，并链接到"漫射"通道。

② 将学习资源中的置换贴图和粗糙度贴图拖曳到节点编辑器中，并链接到对应的通道上。

③ 单击置换贴图，设置"细节等级"为2048×2048、"过滤类型"为"盒子"。

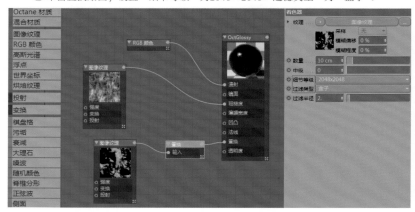 

图5-315　　　　　　　　　　图5-316

技巧提示 因为置换后圆锥的质感细节非常缺失，所以需要给它添加更多的细节来表现更好的视觉效果。

14 拖曳污迹贴图和电路板贴图到节点编辑器中，创建"相乘"节点，并将其链接到"凹凸"通道，然后将污迹贴图链接到"纹理1"端口，将电路板贴图链接到"纹理2"端口，以增强圆锥细节，如图5-317所示。实时渲染效果如图5-318所示。

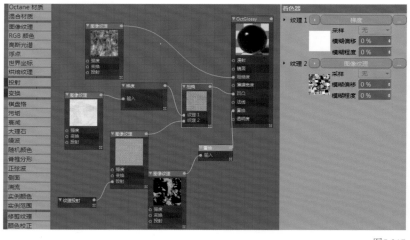 

图5-317　　　　　　　　　　图5-318

15 制作玻璃材质 创建一个Octane镜面材质球，打开节点编辑器。具体参数设置如图5-319所示。实时渲染效果如图5-320所示。

设置步骤

① 创建"RGB颜色"节点，设置为红色，并将其链接到"传输"通道。

② 将学习资源中的电路板贴图拖曳到节点编辑器中，将其链接到"粗糙度"通道，并将材质指定给克隆对象。

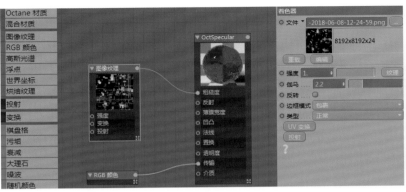

图5-319　　　　　　　　　　　　　　　　　　　　图5-320

16 **创建背景材质** 创建一个Octane光泽度材质球，打开节点编辑器。具体参数设置如图5-321所示。实时渲染效果如图5-322所示。

设置步骤

① 将学习资源中的金属贴图拖曳到节点编辑器中，创建"色彩校正"节点，将金属贴图链接到"色彩校正"节点的"纹理"端口，将"色彩校正"节点链接到"漫射"通道。

② 单击"色彩校正"节点，设置"亮度"为0.1。

③ 拖曳两张电路板贴图到节点编辑器中，分别链接到"凹凸"和"粗糙度"通道，并设置"粗糙度"通道的"索引"为2。

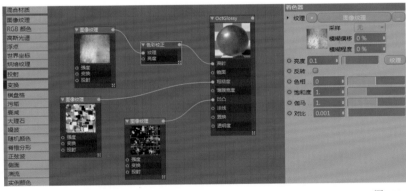

图5-321　　　　　　　　　　　　　　　　　　　　图5-322

17 **制作辉光** 打开"Octane 设置"对话框，在"后期"选项卡中勾选"启用"选项，设置"辉光强度"为50、"眩光强度"为10，如图5-323所示。实时渲染效果如图5-324所示。

18 **渲染输出** 用前面的方法设置渲染数据，设置"输出"大小为1080×1200(像素)，具体参数设置如图5-325所示。

图5-323　　　　　　　　图5-324　　　　　　　　　　　　　　　　　　图5-325

19 按组合键Shift+R渲染效果。渲染结束后，在"滤镜"面板中设置"饱和度"为20%、"亮度"为5%、"对比度"为30%，如图5-326所示。

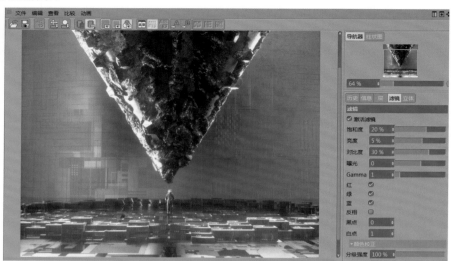

图5-326

实例：制作科技感画面

场景文件	场景文件>CH05>03>03.c4d
实例文件	实例文件>CH05>实例：制作科技感画面>实例：制作科技感画面.c4d
教学视频	实例：制作科技感画面.mp4
学习目标	掌握工业风格材质的制作方法

科技感画面的效果如图5-327所示。

图5-327

实例：制作旧手机特写画面

场景文件　场景文件>CH05>04>04.c4d

实例文件　实例文件>CH05>实例：制作旧手机特写画面>实例：制作旧手机特写画面.c4d

教学视频　实例：制作旧手机特写画面.mp4

学习目标　掌握脏旧材质的制作方法

旧手机特写画面的效果如图5-328所示。

图5-328

实例：制作光束效果

场景文件　场景文件>CH05>05>05.c4d
实例文件　实例文件>CH05>实例：制作光束效果>实例：制作光束效果.c4d
教学视频　实例：制作光束效果.mp4
学习目标　掌握写实风格材质的制作方法

光束效果如图5-329所示。

图5-329

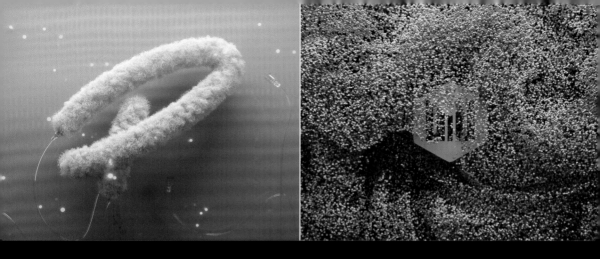

第6章

Octane雾体积与标签

■ 学习目的

　　本章主要介绍 Octane 雾体积和常用标签，这些都可以用于设置设计中的特殊表现效果。雾体积主要用于制作烟雾、烟火、水墨效果，标签主要用于满足特定的渲染需求。请读者掌握本章的相关技术知识，以便能让自己的作品提高一个层次。

■ 主要内容

· Octane雾体积　　　　· Octane对象标签　　　　· Octane渲染通道　　　· 图层蒙版
· Octane分布　　　　　· Octane摄像机标签　　　· 灯光通道　　　　　　· 信息通道

6.1 Octane雾体积

使用"Octane 雾体积"可以制作真实的烟或雾效果，主要用于表现真实的深度、细节和散射。在OctaneLV中执行"对象>Octane 雾体积"菜单命令即可创建"Octane 雾体积"。参数面板如图6-1所示。

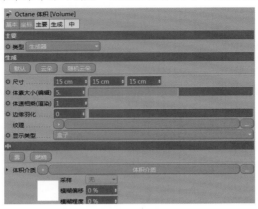

图6-1

6.1.1 类型

在"主要"选项卡中有两种类型的雾，分别为"生成器"(雾体积) 和"VDB加载"(VDB体积)。它们的区别在于："生成器"(雾体积) 会自动生成雾，"VDB加载"(VDB体积) 需要加载VDB外部文件才可以生成雾，如图6-2所示。

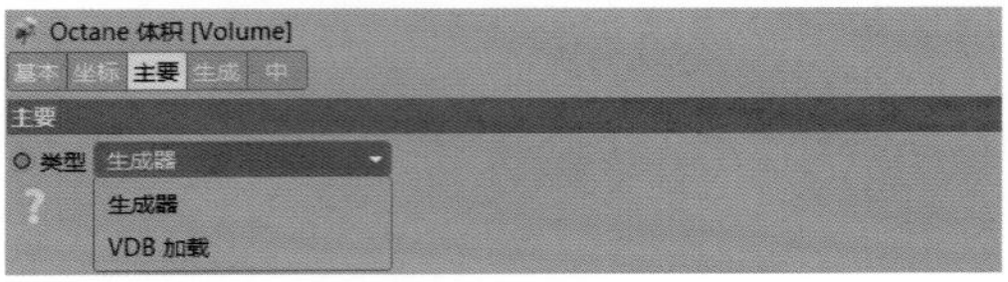

图6-2

6.1.2 生成/类型

当"类型"设置为"生成器"时，"生成"选项卡的参数面板才会被激活。面板中包含了雾的生成类型，以及"尺寸""体素大小（编辑）""体速相乘（渲染）""边缘羽化""纹理""显示类型"，如图6-3所示。

添加"Octane 雾体积"后，软件会默认自动生成正方体形态的雾。读者可以根据需求选择"云朵"或"随机云朵"类型，Octane都会在纹理中添加对应的纹理贴图，同时生成的数值也会随之改变，如图6-4所示。测试效果如图6-5所示。

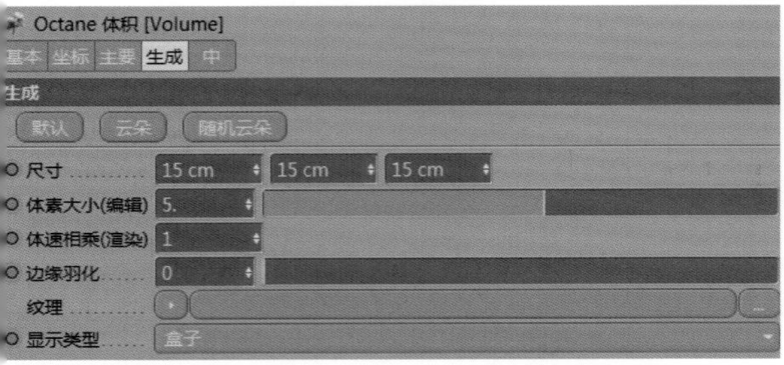

图6-3

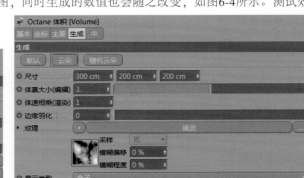

图6-4

图6-5

6.1.3 尺寸

使用"尺寸"可以改变雾体积容器的大小,如图6-6和图6-7所示。

 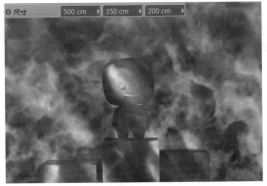

图6-6　　　　　　　　　　　　　　　　　　　　　　图6-7

6.1.4 体素大小

雾是以体积像素组成的,也就是在视图中的小方格。"体素大小"越大,模拟出的烟雾精细度就会越低,计算机运行速度越快,如图6-8和图6-9所示;"体素大小"越小,模拟出的烟雾精细度越高,计算机运行速度越慢,如图6-10所示。

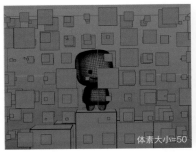  

图6-8　　　　　　　　　　　　图6-9　　　　　　　　　　　　图6-10

技巧提示　注意,容器的"尺寸"大小会直接影响到计算机的运行速度。读者在设置时,一定要配合"体素大小"的数值进行合理修正,以释放计算机的运行内存。

6.1.5　体速相乘

使用"体速相乘"可以渲染出更高分辨率的雾。值越大，就可以获得越多渲染细节，如图6-11和图6-12所示。

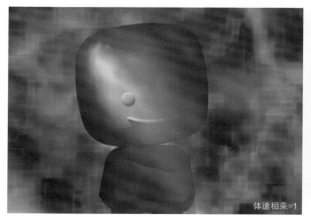
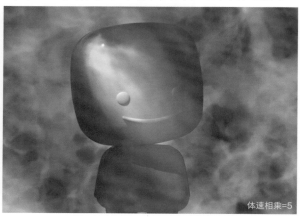

图6-11　　　　　　　　　　　　　　　　　　　　　　　　　　图6-12

6.1.6　边缘羽化

使用"边缘羽化"可以在雾体积容器边缘产生羽化和柔和的效果。测试结果如图6-13和图6-14所示。

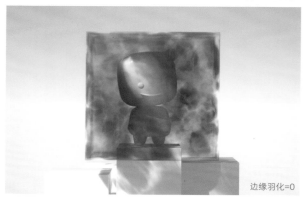

图6-13　　　　　　　　　　　　　　　　　　　　　　　　　　图6-14

6.1.7　纹理

使用"纹理"可以添加外部纹理或程序纹理，例如"噪波"等，如图6-15所示。

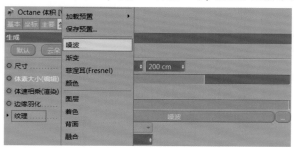

图6-15

6.1.8 显示类型

"显示类型"指雾体积容器内部的显示效果，默认是盒子。读者可以根据喜好设置其他类型，例如"圆形"，如图6-16和图6-17所示。

盒子

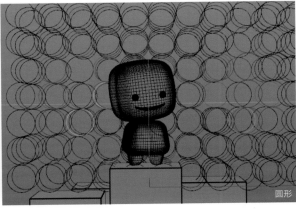
圆形

图6-16

图6-17

6.1.9 体积介质

在"中"选项卡中有两种预设类型："雾"(云雾效果) 和 "燃烧"(烟火效果)。另外，读者也可以直接进入"体积介质"的参数面板，修改"密度""吸收""散射"等参数，使之更加准确，如图6-18和图6-19所示。

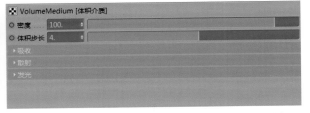

图6-18

图6-19

技术专题： 如何创建云雾的色彩

第1步：在"吸收"中添加一个"RGB颜色"，如图6-20所示。实时渲染效果如图6-21所示。

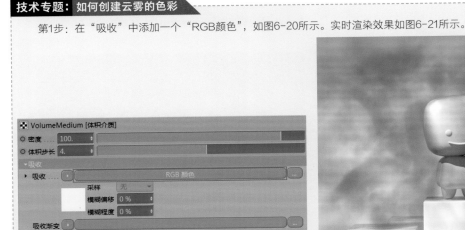

图6-20

图6-21

第2步：画面中并没有出现白色的云雾效果，这是因为"吸收"只能指定需求的颜色，但还需要光线穿透雾体积，所以需要在"散射"中添加一个"RGB颜色"，如图6-22所示。实时渲染效果如图6-23所示。

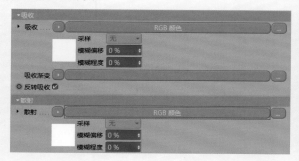

图6-22　　　　　　　　　　　　　　　　　　图6-23

在"散射"中添加"RGB颜色"后，不仅能表现出正确的"吸收"颜色，还能获得光线穿透的痕迹。因此，"吸收"与"散射"需要搭配并同时使用。另外，在设置好"散射"后，可以尝试设置"吸收"中的"RGB颜色"为其他颜色（蓝色），如图6-24所示。实时渲染效果如图6-25所示。

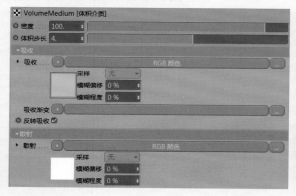

图6-24　　　　　　　　　　　　　　　　　　图6-25

技术专题： 如何控制云雾的浓度

可以使用"密度"来控制云雾的浓度，如图6-26所示。"密度"越大，云雾越浓；"密度"越小，云雾越淡，如图6-27和图6-28所示。

图6-26

图6-27　　　　　　　　　　　　　　　　　　图6-28

另外,使用"体积步长"可以计算云雾的内部深度,如图6-29所示。值越小,深度密集度越强,还可以渲染出更高的分辨率,如图6-30和图6-31所示。

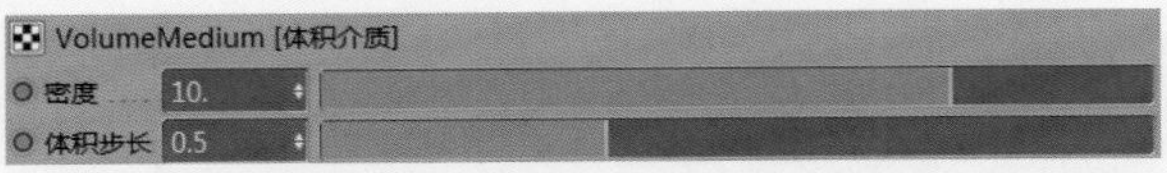

图6-29

图6-30

体积步长=3

图6-31

体积步长=0.5

技术专题: 如何制作燃烧的烟火

使用"发光"可以确定云雾的颜色和亮度。因此,想要获得理想的火焰效果,需要合理地调整其中的参数。

第1步:在制作燃烧的烟火之前,需要通过TurbulenceFD模拟出烟火效果。打开本专题对应的学习资源,如图6-32所示。实时渲染效果如图6-33所示。

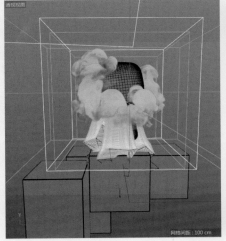

图6-32

图6-33

第2步:在Cinema 4D的"对象"面板中使用鼠标右键单击"TurbulenceFD 容器"对象,执行"C4doctane 标签>Octane 对象标签"菜单命令,如图6-34所示。在"Octane 对象标签"参数面板中单击"粒子渲染"选项卡,然后单击"体积介质"下的色块,如图6-35所示。

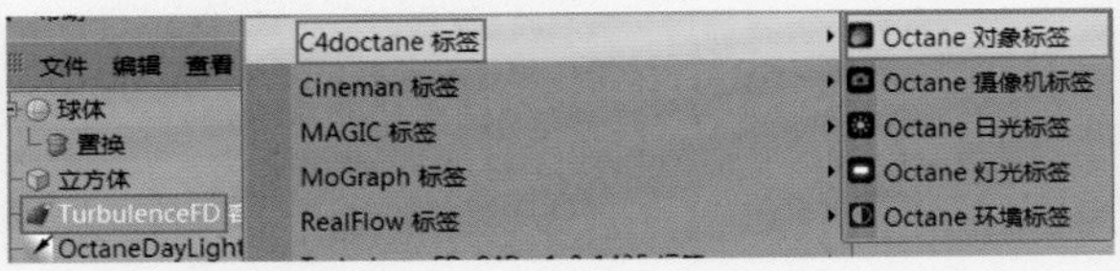

图6-34

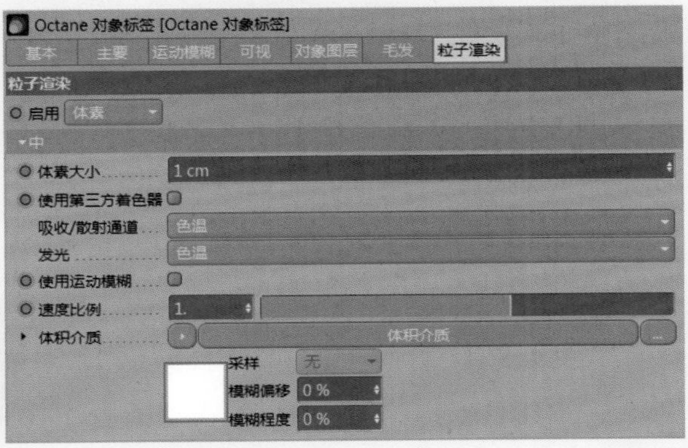

图6-35

第3步：在"吸收"和"散射"中均添加一个"RGB颜色"，如图6-36所示。实时渲染效果如图6-37所示。

图6-36

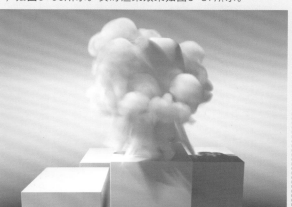

图6-37

第4步：将"吸收"中的"RGB颜色"修改为灰色，模拟烟雾效果，如图6-38所示。实时渲染效果如图6-39所示。

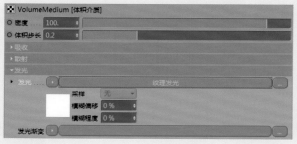

图6-38

图6-39

第5步：接下来设置火焰。展开"发光"选项组，在"发光"中添加一个"纹理发光"，并根据画面的亮度设置发光功率，如图6-40所示。实时渲染效果如图6-41所示。

图6-40

图6-41

第6步：在"发光渐变"中添加一个"体积渐变"，进入"体积渐变"参数面板，通过"梯度"将渐变的颜色调整为火焰颜色，如图6-42所示。实时渲染效果如图6-43所示。

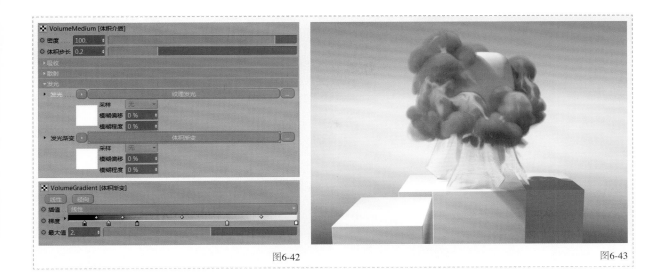

图6-42 图6-43

6.2 Octane 分布

　　"Octane 分布"与Cinema 4D中的"克隆"在原理上是相同的。但由于计算方法不同，使用"克隆"计算数百万个面，计算机会直接"崩溃"，所以"克隆"的计算数量是有限的；而使用"Octane 分布"计算数百万个面是非常轻松的事。在OctaneLV中执行"对象>Octane 分布"菜单命令，即可创建"Octane 分布"。参数面板如图6-44所示。

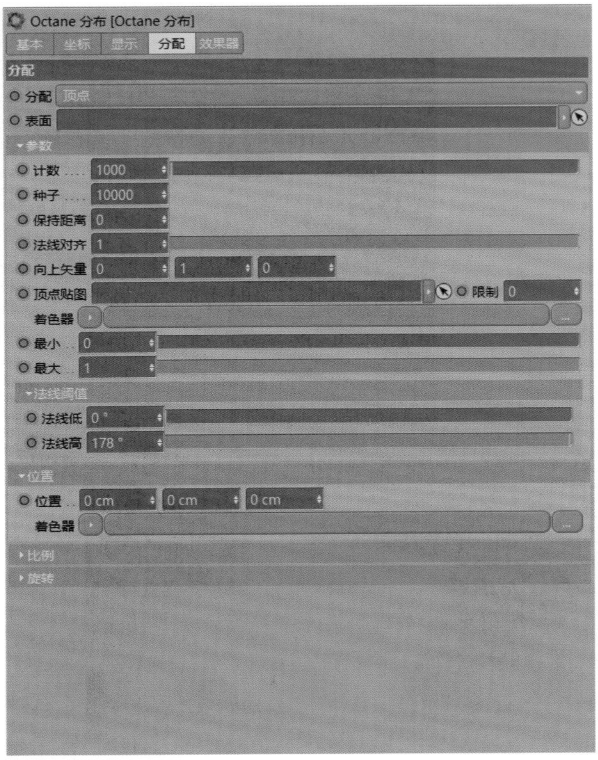

图6-44

6.2.1 分布的操作方法

如果要将"物体A"分布到"物体B"的表面上，需要将"物体A"作为"Octane 分布"的子级，将"物体B"拖曳到"Octane 分布"参数面板的"表面"选项中，如图6-45和图6-46所示。

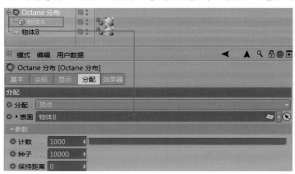

图6-45
图6-46

6.2.2 分配

"分配"主要用于控制对象的克隆或实例分布效果，包含"顶点""表面""使用Csv文件"3个类型，如图6-47所示。本节主要介绍"顶点"和"表面"类型。

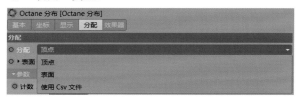

图6-47

1.顶点

使用"顶点"类型可以根据"表面"中对象物体的分段数量来进行克隆，如图6-48所示。分段数量越大，顶点越多，克隆的数量也就越多。测试效果如图6-49和图6-50所示。

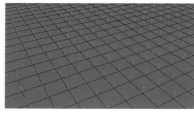

图6-48
图6-49
图6-50

2.表面

将对象随机克隆在"表面"选项的对象上，克隆的数量由下方的"计数"参数来决定，如图6-51所示。"计数"的数值越大，克隆数量越多；"计数"的数值越小，克隆数量越少。测试效果如图6-52和图6-53所示。

图6-51

图6-52

图6-53

技巧提示 还可以使用"种子"参数来让克隆对象位置随机分布。

6.2.3 保持距离

使用"保持距离"能够控制立方体的周围空间。数值越大，越可以更好地避免立方体之间产生相互交叉的情况，如图6-54和图6-55所示。

图6-54

图6-55

6.2.4 法线对齐

使用"法线对齐"可以根据"表面"对象的法线方向改变对象的分布角度。0表示不改变角度，1表示改变角度，如图6-56和图6-57所示。

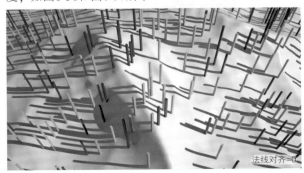
图6-56

图6-57

技巧提示 还可以使用"向上矢量"参数，也就是使用x、y、z轴来控制对象的分布方向。0代表关闭，1代表开启。注意，这个选项必须在"法线对齐"参数设置为0（不启用）时才能正常使用。

6.2.5 顶点贴图

使用"顶点贴图"可以控制对象在"表面"对象中的克隆范围。将平面的"顶点权重"拖曳到参数中，如图6-58所示，然后绘制好权重图案，如图6-59所示。测试效果如图6-60和图6-61所示。

图6-58

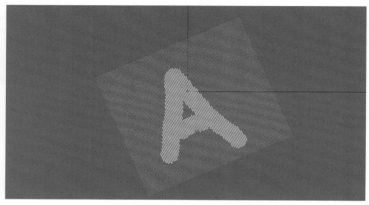

图6-59

图6-60

图6-61

技巧提示 "顶点贴图"中的红色区域代表不允许克隆立方体，黄色区域代表允许克隆立方体。另外，还可以使用"限制"对克隆范围进行扩展或收缩，如图6-62所示。测试效果如图6-63和图6-64所示。

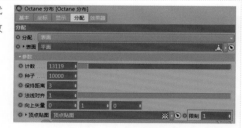

图6-62

限制=0

图6-63

限制=1

图6-64

6.2.6 着色器

使用"着色器"可以利用贴图来控制对象在"表面"对象中的克隆范围，如图6-65和图6-66所示。还可以使用"最小"或"最大"来对分布范围进行细节修剪，如图6-67和图6-68所示。

图6-65

图6-66

最小值=0 最大值=0

图6-67

最小值=0.99 最大值=1

图6-68

6.2.7 法线阈值

使用"法线阈值"可以根据"表面"对象的法线来对克隆对象进行y轴方向的上下修剪，取值范围为0~180°，如图6-69所示。测试效果如图6-70~图6-72所示。

图6-69

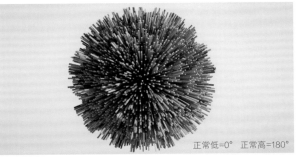

正常低=0° 正常高=180°

图6-70

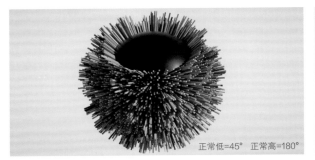

正常低=45° 正常高=180°

图6-71

正常低=0° 正常高=80°

图6-72

6.2.8 位置

使用"位置"可以调整克隆分布的表面位置，多使用灰度图来控制。这里以添加"噪波"贴图为例，如图6-73所示。测试效果如图6-74和图6-75所示。

图6-73

图6-74

图6-75

6.2.9 比例

使用"比例"可以实现两种功能：其一，使用灰度图进行修剪；其二，使用灰度图控制克隆对象分布到"表面"对象上的比例。这里以添加"噪波"为例，如图6-76所示。测试效果如图6-77和图6-78所示。

图6-76

图6-77

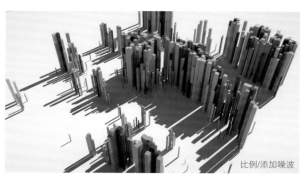

图6-78

下面调整"比例"的尺寸，如图6-79所示。测试效果如图6-80和图6-81所示。

图6-79

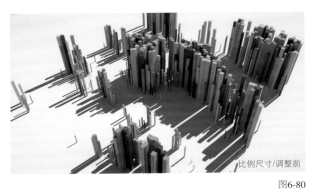
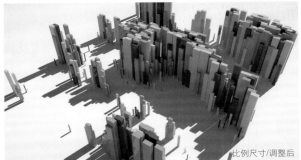

比例尺寸/调整前　　　图6-80

比例尺寸/调整后　　　图6-81

6.2.10 旋转

"旋转"主要用于调整克隆对象分布到"表面"对象上的旋转效果，可以使用灰度图来控制旋转区域，如图6-82所示。测试效果如图6-83和图6-84所示。

图6-82

旋转/调整前　　　图6-83

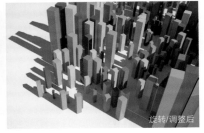

旋转/调整后　　　图6-84

技术专题：使用Cinema 4D中的效果器影响分配效果

Cinema 4D"运动图形"模块中的"效果器"可以直接应用到"Octane分布"中，并对分配的表面物体产生影响，下面介绍具体操作方法。

第1步：在Cinema 4D中执行"运动图形>效果器>随机"菜单命令，然后设置"位置"中的"P.X"为0cm、"P.Y"为160cm、"P.Z"为0cm，并设置"衰减"选项卡中的"形状"为"球体"，如图6-85所示。

第2步：将设置好的"随机"对象拖曳到"Octane 分布"参数面板的"效果器"中，如图6-86所示。测试效果如图6-87和图6-88所示。

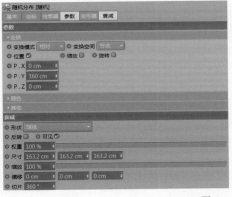

图6-85

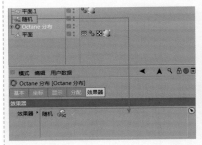

图6-86

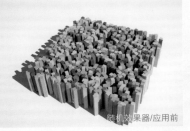

随机效果器/应用前　　　图6-87

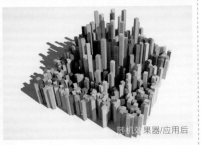

随机效果器/应用后　　　图6-88

技术专题： 如何修改分布对象的颜色

下面介绍4种修改分布对象颜色的方法。

方法1： 直接指定材质。

默认情况下，"Octane 分布"是没有任何颜色的，所以最终渲染效果为白色，如图6-89所示。如果要获得相应的颜色信息，可以将材质指定给"Octane 分布"的子级对象，如图6-90所示。如果要获得多层颜色信息，就要将"Octane 分布"的子级复制多个，并分别指定不同的材质，如图6-91所示。

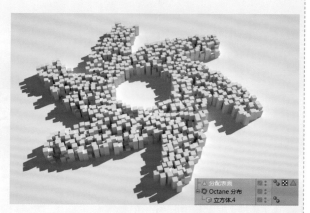

图6-89

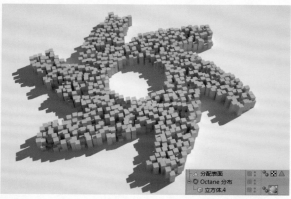

图6-90

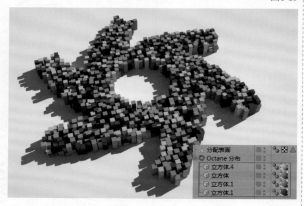

图6-91

方法2： 使用"效果器"影响"Octane 分布"时，可以创建两种以上的颜色信息。

这里以前面介绍的"随机"为例。

第1步： 在"对象"面板中选择"随机"对象，然后在"参数"选项卡中设置"颜色模式"为"自定义"，在"衰减"选项卡中设置"形状"为"球体"，如图6-92所示。

第2步： 创建一个Octane光泽度材质球，将其指定给"Octane 分布"的子级。打开材质编辑器，创建"实例颜色"节点，设置"来源"为"粒子"，并将"Octane 分布"拖曳到"颜色来源"中，如图6-93所示。

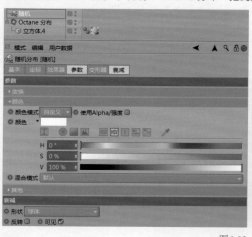

图6-92

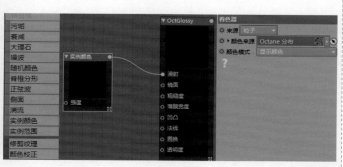

图6-93

第3步：创建"渐变（梯度）"节点，将"实例颜色"节点的输出端口链接到"梯度"节点的输入端口，在"梯度"节点中设置颜色信息，并将其链接到"漫射"通道，如图6-94所示。测试效果如图6-95和图6-96所示。

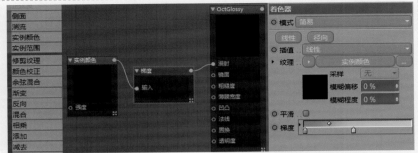

图6-94

实例颜色/修改前

图6-95

实例颜色/修改后

图6-96

这是一种非常高明的颜色修改方法，因为它可以非常好地与"效果器"进行融合，呈现颜色与颜色之间的均衡过渡。

方法3：使用"渐变"节点创建随机颜色。

创建一个Octane光泽度材质球，将其指定给"Octane 分布"的子级。创建"随机颜色"节点和"渐变（梯度）"节点，将"随机颜色"节点的输出端口链接到"梯度"节点的输入端口，在"梯度"节点中设置颜色信息，并将其链接到"漫射"通道，如图6-97所示。测试效果如图6-98和图6-99所示。

图6-97

随机颜色/修改前

图6-98

随机颜色/修改后

图6-99

方法4：通过灰度图区分颜色区域。

创建两个立方体作为"Octane 分布"的子级，分别指定不同的材质颜色，然后在"分配"选项卡的"着色器"中添加灰度图，例如"渐变"或"噪波"，以此来区分材质颜色信息，如图6-100所示。测试效果如图6-101和图6-102所示。

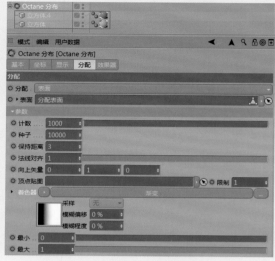

图6-100

渐变/添加前

图6-101

渐变/添加后

图6-102

6.3 Octane 对象标签

"Octane 对象标签"是使用频率非常高的一种标签，其创建方法比较简单，在"对象"面板中选择需要处理的对象，然后单击鼠标右键，执行"C4doctane 标签>Octane 对象标签"菜单命令，即可添加"Octane 对象标签"。下面通过4个不同类型的渲染实例来进行说明。

实例：Octane毛发渲染

场景文件 　场景文件>CH06>01>01.c4d
实例文件 　实例文件>CH06>实例：Octane毛发渲染>实例：Octane毛发渲染.c4d
教学视频 　实例：Octane毛发渲染.mp4
学习目标 　掌握毛发的渲染技术

Octane毛发渲染效果如图6-103所示。

01 打开"场景文件>CH06>01>01.c4d"文件，如图6-104所示。实时渲染效果如图6-105所示。

图6-103　　　　　　　　　　图6-104　　　　　　　　　　图6-105

02 添加毛发 选择"对象"面板中的"Recorrido"对象，然后在Cinema 4D中执行"模拟>毛发对象>添加毛发"菜单命令。实时渲染效果如图6-106所示。

03 进入"毛发"属性面板，在"引导线"选项卡中设置"发根"的"数量"为15000、"分段"为8，如图6-107所示。在"毛发"选项卡中设置"数量"为80000、"分段"为12，如图6-108所示。实时渲染效果如图6-109所示。

图6-106

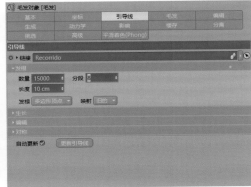

图6-107

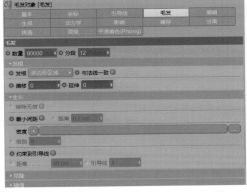

图6-108

图6-109

04 在"毛发材质"参数面板修改毛发形态。在"粗细"通道中设置"发根"为0.1cm、"发梢"为0.1cm；勾选"长度"和"纠结"选项；在"集束"通道中设置"数量"为30%、"集束"为30%、"变化"为100%；在"卷曲"通道中设置"方向"为"随机"，如图6-110所示。实时渲染效果如图6-111所示。

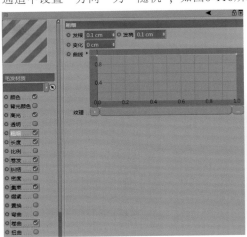

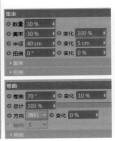

图6-110

图6-111

05 创建一个Octane光泽度材质球，设置好颜色（白色），将材质指定给毛发，如图6-112所示。实时渲染效果如图6-113所示。

图6-112   图6-113

技巧提示 使用Octane渲染毛发的方法非常简单，只需要调整好"RGB颜色"节点的材质并指定给毛发即可。那么如何添加更多的颜色信息呢？

创建一个"Octane光泽材质"，打开材质编辑器，这里需要添加4个节点，分别为"实例范围""渐变（梯度）""混合纹理""噪波"。具体参数设置如图6-114所示。效果如图6-115所示。

① 将"实例范围"节点链接到"梯度"节点，在"梯度"节点中修改颜色为白色。

② 将上述节点复制一份，然后在"梯度"节点中修改颜色为蓝色。将两个"梯度"节点分别链接到"混合纹理"节点的"纹理1"和"纹理2"端口。

③ 将"噪波"节点链接到"混合纹理"节点的"数值"端口，将"混合纹理"节点链接到"漫射"通道。

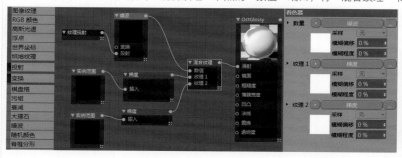

图6-114   图6-115

实例：Octane样条渲染

场景文件	场景文件>CH06>02>02.c4d
实例文件	实例文件>CH06>实例：Octane样条渲染>实例：Octane样条渲染.c4d
教学视频	实例：Octane样条渲染.mp4
学习目标	掌握样条效果的渲染技术

Octane样条渲染效果如图6-116所示。

01 打开"场景文件>CH06>02>02.c4d"文件，如图6-117所示。实时渲染效果如图6-118所示。

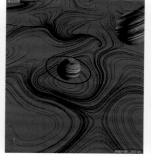

图6-116   图6-117   图6-118

02 **添加标签** 使用鼠标右键单击"对象"面板中的"样条拖尾"对象，执行"C4doctane 标签>Octane 对象标签"菜单命令，如图6-119所示。

03 **设置样条粗细** 选择"Octane 对象标签"，在"毛发"选项卡中勾选"渲染为毛发"选项，可以通过设置"根部厚度"和"尖部厚度"来控制样条的粗细度，如图6-120所示。测试效果如图6-121和图6-122所示。

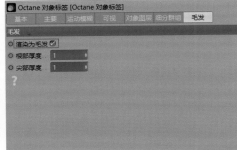

图6-119

图6-120

图6-121

图6-122

技巧提示 通过对比，这里选择"根部厚度"为0.05、"尖部厚度"为0.03的效果。

04 新建一个Octane光泽度材质球，设置"漫射"通道的颜色为蓝色，将材质指定给"样条拖尾"对象。最终效果如图6-123所示。

图6-123

实例：X-Particles粒子渲染

场景文件	场景文件>CH06>03>03.c4d
实例文件	实例文件>CH06>实例：X-Particles粒子渲染>实例：X-Particles粒子渲染.c4d
教学视频	实例：X-Particles粒子渲染.mp4
学习目标	掌握粒子的渲染技术

使用Octane渲染X-Particles粒子的效果如图6-124所示。

01 打开"场景文件>CH06>03>03.c4d"文件，如图6-125所示。实时渲染效果如图6-126所示。

图6-124 　　　　　　　图6-125 　　　　　　　图6-126

02 添加标签 在"对象"面板中使用鼠标右键单击"xp发射器"对象，执行"C4doctane 标签>Octane对象标签"菜单命令，如图6-127所示。

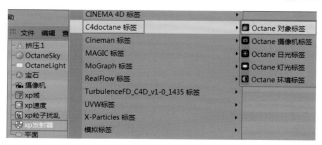

图6-127

03 调整粒子 选择"Octane 对象标签"，在"粒子渲染"选项卡中设置"启用"为"球体"（"球体"为粒子的默认形状，读者也可以自定义其他形状，例如"宝石"等），如图6-128所示。实时渲染效果如图6-129所示。

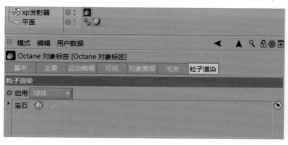

图6-128

图6-129

04 创建材质 创建一个Octane光泽度材质球，打开材质编辑器。具体参数设置如图6-130和图6-131所示。实时渲染效果如图6-132所示。

设置步骤

① 创建"实例颜色"和"彩色化（着色）"节点，在"实例颜色"节点中设置"来源"为"粒子"，并将"xp发射器"拖曳到"颜色来源"中。

② 将"实例颜色"节点链接到"着色"节点，在"着色"节点中为"渐变"设置多重颜色。

③ 将"着色"节点链接到"漫射"通道，将材质指定给粒子。

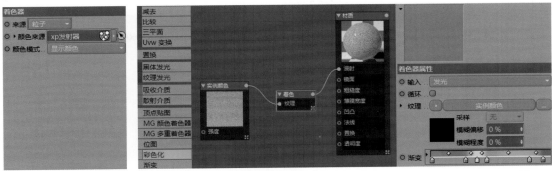

图6-130　　　　　　　　　　　　　　　　　　　　　　　　　图6-131

图6-132

实例：X-Particles拖尾渲染

场景文件	场景文件>CH06>04>04.c4d
实例文件	实例文件>CH06>实例：X-Particles拖尾渲染>实例：X-Particles拖尾渲染.c4d
教学视频	实例：X-Particles拖尾渲染.mp4
学习目标	掌握拖尾效果的渲染技术

使用Octane渲染X-Particles拖尾的效果如图6-133所示。

图6-133

01 打开"场景文件>CH06>04>04.c4d"文件，如图6-134所示。实时渲染效果如图6-135所示。

02 添加标签 为"对象"面板中的"xp发射器"和"xp拖尾"对象添加"Octane对象标签"，如图6-136所示。

图6-134　　　　　　　　　　　　　　　　图6-135　　　　　　　　　　　　图6-136

03 设置拖尾和粒子 进入"xp拖尾"的"Octane 对象标签"参数面板，在"毛发"选项卡中勾选"渲染为毛发"选项，设置"根部厚度"和"尖部厚度"为0.5，如图6-137所示。进入"xp发射器"的"Octane 对象标签"参数面板，在"粒子渲染"选项卡中设置"启用"为"球体"，自定义两个不同大小的球体粒子形状，如图6-138所示。实时渲染效果如图6-139所示。

图6-137

图6-138

图6-139

04 创建材质 创建一个Octane光泽度材质球，设置颜色为橘黄色，如图6-140所示；创建一个Octane漫射材质球，将其设置为橘黄色的发光材质，如图6-141所示；创建一个Octane混合材质球，将Octane光泽度材质球拖曳到"材质1"，将Octane漫射材质球拖曳到"材质2"，如图6-142所示。

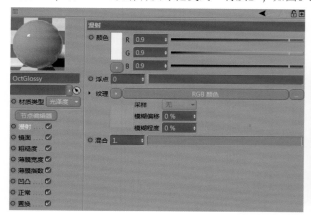
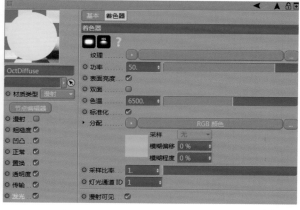

图6-140　　　　　　　　　　　　　　　　　　　　　　图6-141

图6-142

05 将Octane混合材质球复制一个，并将其设置为蓝色，如图6-143所示。将两套不同颜色的Octane混合材质指定给
对应的"xp拖尾"和"球体"
对象，如图6-144所示。实时
渲染效果如图6-145所示。

图6-144

图6-145

图6-143

6.4 Octane摄像机标签

在前面的实例中，本书所提供的学习资源都是创建好摄像机的。为了方便读者自定义视角，本节简单介绍
一下"Octane 摄像机"。摄像机的创建方法共有两种。

第1种： 在OctaneLV中执行"对象>Octane摄像机"菜单命令。

第2种： 使用鼠标右键单击"对象"面板中的"摄像机"对象，然后执行"C4doctane 标签>Octane 摄像机
标签"菜单命令，如图6-146所示。

在"Octane 摄像机"参数面板中共有6个选项
卡，分别为"基本""运动模糊""常规镜头""摄像机成
像""后期处理""立体"，如图6-147所示。

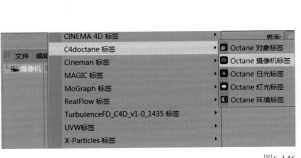

图6-146

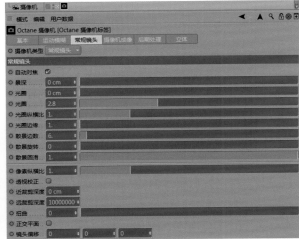

图6-147

技巧提示 本节选择各选项卡中的重要参数进行举例讲解。

6.4.1 摄像机类型

在"基本"选项卡中，可以设置3种不同的"摄像机类型"，分别为"常规镜头""全景镜头""烘焙"，如图6-148所示。

图6-148

1.常规镜头

这种类型与Cinema 4D默认的摄像机镜头视角相同，Octane渲染视角与其完全保持一致，如图6-149和图6-150所示。

图6-149

图6-150

2.全景镜头

这种类型与"常规镜头"有非常大的差异。虽然在Cinema 4D的透视图中看不出任何差异，但使用Octane渲染后，即可获得360°全景视角，得到类似HDRI环境的画面效果，如图6-151和图6-152所示。

图6-151

图6-152

技巧提示 使用"烘焙"可以在镜头视角下看到模型的UV。

6.4.2 运动模糊

使用"Octane 摄像机"可以制作运动模糊,参数面板如图6-153所示。

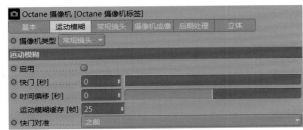

图6-153

1.关键帧对象运动模糊

第1步:打开学习资源中对应的练习文件,在"对象"面板中使用鼠标右键单击需要产生运动模糊的模型对象,例如"机翼",执行"C4doctane 标签>Octane 对象标签"菜单命令,如图6-154所示。进入"Octane 对象标签"参数面板后保持默认参数即可,如图6-155所示。

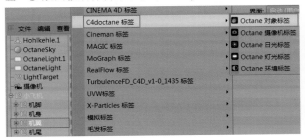

图6-154

图6-155

第2步:选择"Octane 摄像机",在"运动模糊"选项卡中勾选"启用"选项,设置"快门"数值(数值越大,运动模糊就会越强),如图6-156所示。测试效果如图6-157~图6-159所示。

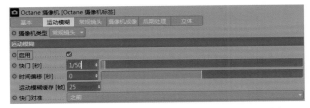

图6-156

图6-157

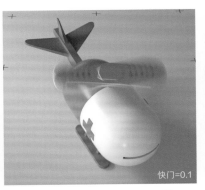

图6-158

图6-159

技巧提示 读者这里应该有疑问:如何设置逼真的运动模糊?

例如场景的帧率(FPS)为25帧/秒,那么25×2=50,则最佳的"快门"数值是1/50。使用快门速度的运算方法可以非常准确地计算出逼真的运动模糊。

2.非关键帧对象运动模糊

第1步：打开学习资源中对应的练习文件，在"对象"面板中使用鼠标右键单击需要产生运动模糊的模型对象，例如"LOGO"，执行"C4doctane 标签>Octane 对象标签"菜单命令，如图6-160所示。进入"Octane 对象标签"参数面板后保持默认参数即可，如图6-161所示。

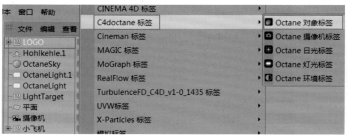

图6-160   图6-161

第2步：选择"Octane 摄像机"，在"运动模糊"选项卡中勾选"启用"，设置"快门"为0.1，如图6-162所示。实时渲染效果如图6-163所示。

图6-162   图6-163

> **技巧提示** 图6-163所示的"LOGO"并没有产生任何运动模糊效果，因为"LOGO"的动画形式不是关键帧动画，而是通过"扭曲"制作的。

第3步：在"运动模糊"选项卡中设置"对象运动模糊"为"变换/顶点"，如图6-164所示。实时渲染效果如图6-165所示。

图6-164   图6-165

3.摄像机运动模糊

制作摄像机运动模糊的要点是使摄像机运动轨迹产生模糊的效果。因此，不需要像对象运动模糊一样添加"Octane 对象标签"，只需要在"运动模糊"选项卡中设置相关参数即可，如图6-166所示。测试效果如图6-167和图6-168所示。

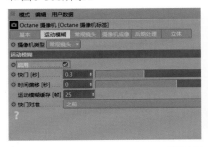
图6-166

图6-167

图6-168

6.4.3 Octane景深

使用"常规镜头"选项卡中的"光圈"参数可以获得景深效果，如图6-169所示。值越低，景深效果越强；值越高，景深效果越弱。测试效果如图6-170和图6-171所示。

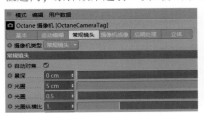
图6-169

图6-170

图6-171

上面的测试，是使用了自动对焦的。那么如何自定义焦点呢？

可以取消勾选"自动对焦"选项，如图6-172所示，然后在OctaneLV中单击■图标，接着在画面上单击需要对焦的位置，如图6-173所示。

图6-172

图6-173

技巧提示 也可以使用Cinema 4D默认摄像机的对焦方式来自定义对焦，这同样可以被Octane渲染器拾取。选择Cinema 4D的"摄像机对象"，在"对象"选项卡中设置"焦点对象"为需要对焦的模型，如图6-174所示。测试效果如图6-175和图6-176所示。

图6-174

焦点对象=M 图6-175

焦点对象=车 图6-176

6.4.4 摄像机成像

使用"摄像机成像"选项卡中的参数可以进行色彩校正，例如常见的"曝光"和"饱和度"等，如图6-177所示。这个功能与"Octane 设置"对话框中的"摄像机成像"选项卡是相同的，如图6-178所示。

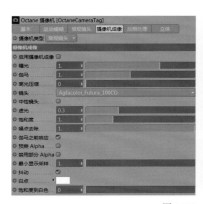

图6-177

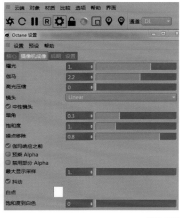

图6-178

图6-179所示为线性渲染效果。选择"Octane 摄像机"，在"摄像机成像"选项卡中勾选"启用摄像机成像"选项，设置"伽马"为1.5、"镜头"为"Agfachrome_RSX2_200CD"、"虚光"为1、"饱和度"为2，如图6-180所示。渲染效果如图6-181所示。

图6-179

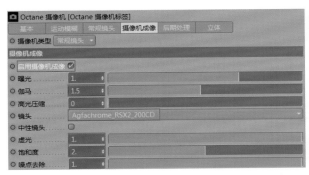

图6-180   图6-181

技巧提示 读者可以将"Octane 摄像机"参数面板中的"摄像机成像"选项卡理解成二次色彩调节或滤镜效果。

6.4.5 后期处理

在"后期处理"选项卡中可以调整辉光强度，如图6-182所示。它与"Octane 设置"对话框中的"后期"选项卡功能相同，如图6-183所示。

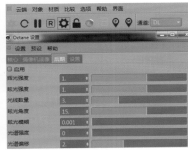

图6-182   图6-183

图6-184所示为默认渲染效果。在"Octane 摄像机"参数面板中的"后期处理"选项卡中勾选"启用"选项，然后设置"辉光强度"为30、"眩光强度"为10，如图6-185所示。渲染效果如图6-186所示。

图6-184

图6-185   图6-186

6.5 Octane渲染通道

可以将最终的渲染结果分为不同的元素，从而在后期合成中获得更多的调整空间，例如高光、阴影、反射和深度通道等。

第1步： 按组合键Ctrl+B打开"渲染设置"对话框，设置渲染器为"Octane Renderer"，在"渲染通道"选项卡中勾选"启用"选项，设置"格式"(动画输出为PNG，静帧输出为PSD)，设置"深度"为16Bit/Channel，勾选"保存完美通道"选项等，如图6-187所示。

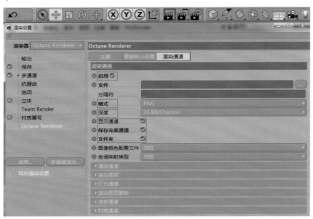

图6-187

第2步： 选择需要的通道信息，具体参数设置如图6-188所示。文件保存结果如图6-189所示。通道示意图如图6-190~图6-193所示。

图6-188

图6-189

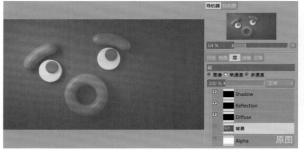

图6-190

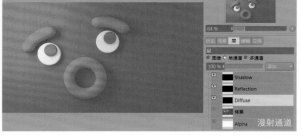

图6-191

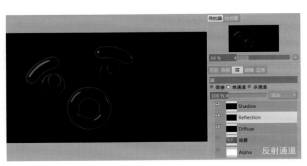

图6-192 反射通道

图6-193 阴影通道

技巧提示 勾选"文件夹"选项的好处是，在渲染动画时会产生大量的图片序列，这样可以非常好地对这些图片进行归类。

6.5.1 灯光通道

第1步：打开学习资源中对应的练习文件，渲染效果如图6-194所示。可以看到场景的左边为暖色灯光，右边为冷色灯光，灯光位置如图6-195所示。

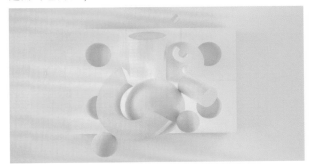
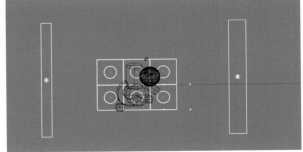

图6-194

图6-195

第2步：分别单击两个"Octane 灯光标签"图标，找到"灯光通道ID"选项，默认数值为1。现在将两盏灯光的"灯光通道ID"设置为不同的数值（建议从2开始设置），如图6-196和图6-197所示。

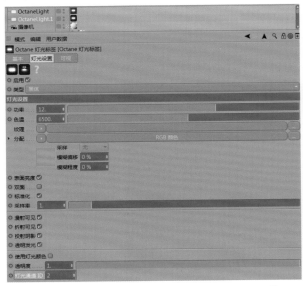
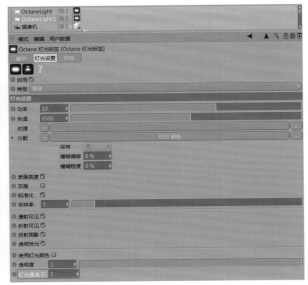

图6-196

图6-197

第3步： 按组合键Ctrl+B，打开"渲染设置"对话框，在"灯光通道"栏中勾选前面设置的"灯光通道2"和"灯光通道3"选项，如图6-198所示。灯光通道渲染效果如图6-199和图6-200所示。

图6-198

暖色灯光通道

图6-199

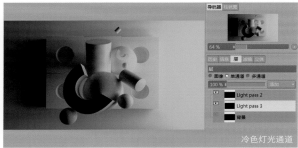

冷色灯光通道

图6-200

技巧提示 "Octane 灯光标签"参数面板中的"灯光通道ID"一定要与"渲染设置"对话框中的"灯光通道"数值相同。

6.5.2 图层蒙版

打开学习资源中对应的练习文件，最终渲染效果中共有4层，分别为白色、蓝色、红色和黄色，如图6-201所示。那么如何获得相应的图层蒙版或单独通道呢？

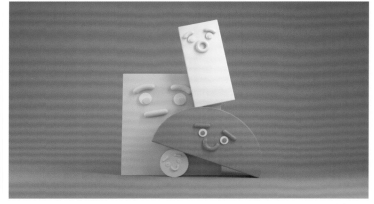

图6-201

第1步: 在"对象"面板中选中这4层,单击鼠标右键,执行"C4doctane 标签>Octane 对象标签"菜单命令,如图6-202所示。

第2步: 分别在"Octane 对象标签"参数面板的"对象图层"选项卡中设置"图层ID"的数值。因为默认数值为1,建议从2开始设置,如图6-203所示。

> **技巧提示** 因为这里有4个图层,所以"图层ID"依次设置为2、3、4、5。

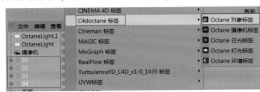

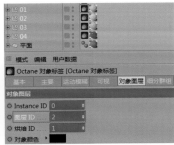

图6-202

图6-203

第3步: 在"渲染设置"对话框的"渲染图层蒙版"中勾选前面设置的"ID2"~"ID5"选项,如图6-204所示。渲染效果如图6-205~图6-208所示。

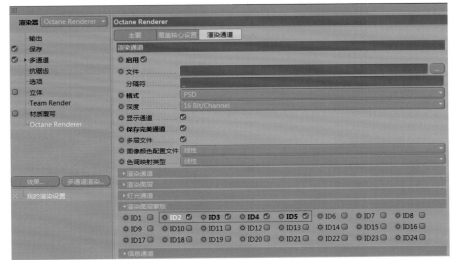

图6-204

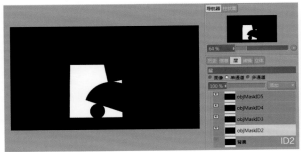

图6-205

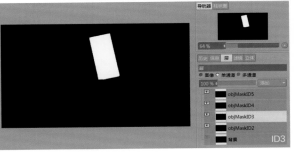

图6-206

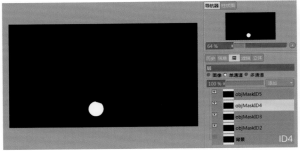

图6-207

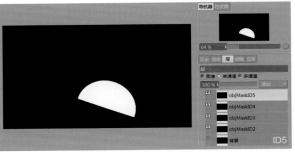

图6-208

6.5.3 信息通道

使用"信息通道"可以输出Z深度、法线和线框等信息。下面介绍具体方法。

第1步： 打开学习资源中对应的练习文件，渲染效果如图6-209所示。

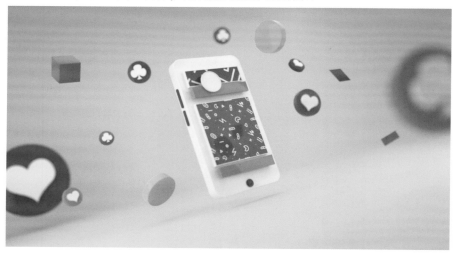

图6-209

第2步： 在"渲染设置"对话框中设置"色调映射类型"为"色调映射"，然后在"信息通道"中勾选"几何体法线""Z深度""线框"选项，如图6-210所示。渲染效果如图6-211~图6-213所示。

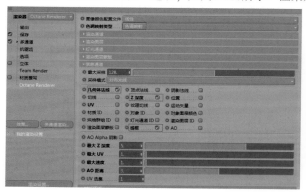

图6-210

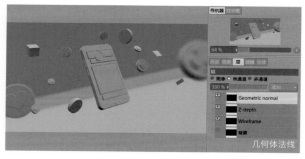

几何体法线

图6-211

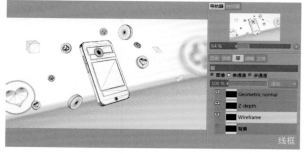

线框

图6-212

Z深度

图6-213

技巧提示 渲染信息通道时，一定要将Octane Renderer的"色调映射类型"（默认为"线性"）更改为"色调映射"，否则最终输出结果为白色。

"最大Z深度"可以根据需求对深度进行单独修剪，如图6-214所示。数值越小，越会趋于白色；数值越大，越会趋于黑色；中间值会出现黑白渐变。测试效果如图6-215和图6-216所示。

图6-214

最大Z深度=5

图6-215

最大Z深度=10

图6-216

实例：制作TFD色彩烟雾效果

场景文件	场景文件>CH06>05>05.c4d
实例文件	实例文件>CH06>实例：制作TFD色彩烟雾效果>实例：制作TFD色彩烟雾效果.c4d
教学视频	实例：制作TFD色彩烟雾效果.mp4
学习目标	掌握烟雾效果的制作方法

TFD色彩烟雾效果如图6-217所示。

图6-217

实例：制作绚丽的地形分布效果

场景文件	场景文件>CH06>06>06.c4d
实例文件	实例文件>CH06>实例：制作绚丽的地形分布效果>实例：制作绚丽的地形分布效果.c4d
教学视频	实例：制作绚丽的地形分布效果.mp4
学习目标	掌握分布效果的制作方法

绚丽的地形分布效果如图6-218所示。

图6-218

第 **7** 章 Octane视觉表现项目实例

■ 学习目的

　　本章将结合前面学习的 Octane 技术来讲解商业项目的制作。因为 Cinema 4D 可以应用的领域特别多，所以本章的项目实例效果既可用于海报展示，也可以用于产品概念图，还可以用于影视制作。

■ 主要内容

- 汽车渲染技法
- 写实渲染技法
- 海报主图渲染技法
- 影视场景渲染技法
- 三维设计整体思路
- Octane综合应用

7.1 汽车渲染：汽车与街道

场景文件	场景文件>CH07>01>01.c4d
实例文件	实例文件>CH07>汽车渲染：汽车与街道>汽车渲染：汽车与街道.c4d
教学视频	汽车渲染：汽车与街道.mp4
学习目标	掌握汽车材质、灯光的制作方法

　　汽车渲染是三维设计中比较常见的一个领域。在使用Octane与Cinema 4D完成本实例时，制作重点为汽车表面的车漆、金属、玻璃等材质，并通过灯光使汽车表面材质和流线型效果得到体现。另外，在展示汽车渲染效果时，可以设置多个拍摄机位，例如从整体展示汽车的造型和外观，从局部展示车漆和汽车细节的特点。实例效果如图7-1所示。

图7-1

7.2 写实渲染：手机与城市

场景文件	场景文件>CH07>02>02.c4d
实例文件	实例文件>CH07>写实渲染：手机与城市>写实渲染：手机与城市.c4d
教学视频	写实渲染：手机与城市.mp4
学习目标	掌握真实场景的材质、灯光的制作方法

写实渲染是三维设计中比较常见的一种表现形式。相对于建筑/室内效果表现的3ds Max/VRay和虚拟现实表现的Unreal Engine，Cinema 4D/Octane在这一方向上体现得更加灵活和开放，可以根据自己的想法来进行实物的表现。本例使用了抽象与现实结合的手法来表现城市与手机。读者在练习的时候，应该注意金属材质、手机屏幕和手机壳材质，这3类材质都有各自的特点。另外，在灯光表现上，读者可以根据自己的想法来设置不同的灯光氛围。实例效果如图7-2所示。

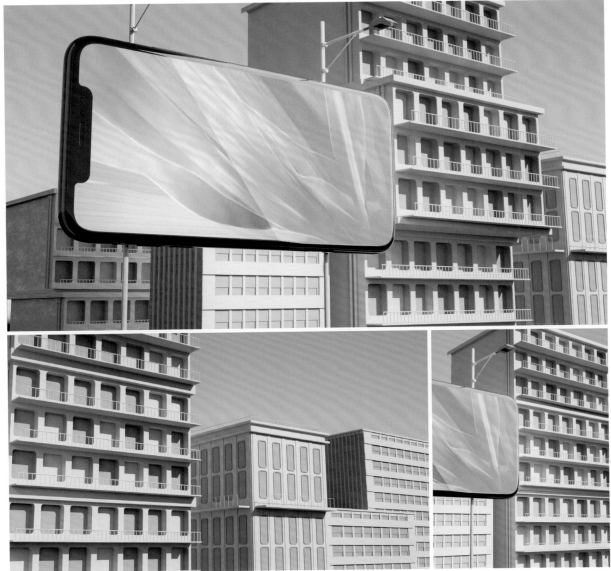

图7-2

7.3 海报主图渲染：霓虹城市

场景文件	场景文件>CH07>03>03.c4d
实例文件	实例文件>CH07>海报主图渲染：霓虹城市>海报主图渲染：霓虹城市.c4d
教学视频	海报主图渲染：霓虹城市.mp4
学习目标	掌握自发光场景的制作方法

Cinema 4D与电商设计联系得比较紧密，例如制作主图海报、产品建模等。本例的场景可以用于主图海报，也可以用于其他场景，效果如图7-3所示。本例风格偏意境化，并非以实物为准，所以在特点表现上偏夸张。对于这类风格的作品，其制作重点在灯光效果上，而本例的主要表现效果就是利用Octane的自发光功能制作的。

图7-3

7.4 海报主图渲染：科幻巨型建筑

场景文件	场景文件>CH07>04>04.c4d
实例文件	实例文件>CH07>海报主图渲染：科幻巨型建筑>海报主图渲染：科幻巨型建筑
教学视频	海报主图渲染：科幻巨型建筑.mp4
学习目标	掌握自发光场景与雾体积的设计方法

与上一个实例类似，本例主要也是利用Octane的自发光功能来表现效果，如图7-4所示。相对于上一个场景，本场景的表现重点是科幻感、庄严感等宏观效果，所以在灯光运用方面与上一个实例相比较为柔和。从效果图可以看出，柱形建筑自带冷暖对比，且建筑的自发光与地面的人群形成了鲜明的明暗对比。请读者在制作时一定要抓住灯光效果的特点，这样才能运用好Octane的自发光功能。

图7-4

7.5 影视场景渲染：史前森林

场景文件	场景文件>CH07>05>05.c4d
实例文件	实例文件>CH07>影视场景渲染：史前森林>影视场景渲染：史前森林.c4d
教学视频	影视场景渲染：史前森林.mp4
学习目标	掌握自然场景的制作方法

　　Cinema 4D作为一款三维软件，与Octane结合使用，可以制作影视中的一些场景。本实例主要模拟冰河世纪的场景类型，使用一种偏向于写实的表现手法，着重展示影视中的三维场景。对于这类场景的表现，读者一定要弄清楚影视主题的风格属于写实、科幻或动漫等哪一种类型，然后根据风格类型来制作材质。本实例的制作重点主要体现在森林类材质，例如树叶、草地、动物等。实例效果如图7-5所示。

图7-5